KB232966

어촌과 관광

-제주도 어촌의 관광지화 연구-

어촌과 관광

-제주도 어촌의 관광지화 연구-

송경언 著

한국학술정보㈜

서 문

　관광은 기억의 그림을 선물한다. 관광지는 그 곳의 자연과 사람을 떠올리도록 하고, 관광지에 대한 기억은 한 폭의 그림으로 남는다. 관광지의 그림에는 녹색과 청색이 많은데, 이러한 그림을 마음껏 그릴 수 있는 생태관광지가 어촌이다. 어촌은 녹색의 땅뿐만 아니라 청색의 바다도 가지고 있다. 바다를 포함하고 있다는 것은 관광객이 더 매력을 느낄 수 있다는 것을 의미한다. 어촌의 바다는 땅과 분리되어 있지 않다. 이 둘을 분리된 것으로, 구체적으로는 바다가 거의 무시되고 땅에 대해서만 그 가치를 인식했을 뿐이다. 어촌의 바다와 땅은 어항을 매개로 통합된다. 어업활동이 바다에서 땅으로, 땅에서 바다로 이동할 때에는 반드시 어항을 거치게 되는 것이다. 어항은 바다에서 생산된 수산물을 땅으로 전달하며, 땅에서 어업활동을 준비하고 바다로 나갈 수 있도록 한다. 바다와 땅의 통합은 어촌의 잠재력으로 부각되고 있다.

　어촌의 관광지화는 어촌의 미래이다. 어촌은 농촌의 일부로 간주되거나 농촌에 가려져 왔고, 어업활동은 어업자원의 감소, 어장의 황폐화, 간척사업 등으로 인해 급격하게 쇠퇴되어 왔다. 그러나 이제 어촌은 주민의 어업활동 장소로부터 외부인이 찾고 싶어하는 관광지로 각광을 받기 시작하고 있다. 이는 어촌이 바다와 땅으로 구성되어 있을 뿐만 아니라 땅으로만 이루어지는 농촌보다 다양하다는 점에서 비롯된 것이다. 어촌의 관광지화는 어촌의 나아갈 방향을 시사하는 것이라고 할 수 있다. 농촌관광이 농촌지역의 발전방안으로 많이 논의되고 있는데, 어촌지역에 있어 어촌관광이라는 발전방안은 보다 절실하고 용이한 셈이다. 관광은 일상생활 중에 많이 대해보지 못했던 것을 대상으로 하게 된다는 점에서 바다를 갖고 있는 어촌은 그 매력도가 높아진다. 그리고 관광은 다양성을 바탕으로 이루어진다는 점에서 어촌은 풍부한 잠재력을 지니고 있다. 땅과 바다가 만나는 해안은 우리나라의 경우 모레, 암석, 개펄 등 다양하여 관광활동의 목적에 따라 장소를 선택할 수 있기도 하다.

어촌의 풍부한 잠재력을 일깨워 아름다운 기억의 그림을 마음껏 그릴 수 있도록 하는 것이 어촌 관광개발이다. 어촌개발의 방향에 시사점을 얻고자 어촌의 관광지화 과정에 대한 고찰을 하게 되었다. 논의의 초점은 어촌의 잠재력인 바다와 땅의 통합이 어촌의 관광지화 과정 속에서 어떻게 나타나고 있는지를 살피는 것이다. 그리고 연구 지역은 아름다운 어촌 그림을 간직할 수 있는 곳 중의 하나인 제주도이다. 제주도 어촌을 사례로 하게 된 것은 어촌 비중이 높을 뿐만 아니라 많은 곳에 관광기능이 분포하고 있기 때문이다. 더 나아가서는 제주도의 어촌 관광이 그 지역 발전에 적지 않은 기여를 할 수 있어서이다. 제주도의 잠재력은 도시뿐만 아니라 촌락에도 풍부한 것이다. 왜냐하면 제주도의 비교우위는 자연환경에서 시작되고 이는 촌락에서 보다 직접적으로 나타날 수 있기 때문이다. 이에 따라 제주도의 관광어촌 가운데 대표적인 다섯 곳을 선정하여 답사하였다. 사례어촌에 있어 체험어장 중심 어촌은 동쪽의 구좌읍 종달리, 바다낚시 중심 어촌은 서쪽의 한경면 고산1리, 관광지 인접 어촌은 남쪽의 서귀포시 중문동·대포동, 해수욕장 인접 어촌은 북쪽의 조천읍 함덕리, 도서어촌은 마라도 등이 선정되었다.

　이 책은 2002년에 출판된 학위논문을 바탕으로 하여 수정·보완된 것인데, 지금까지 여러 분들의 도움이 있었다. 먼저 지리학적 사고의 필요성을 인식하도록 하고 어촌 연구로 이끌어 주신 서울대학교 지리학과의 유우익 교수님께 머리 숙여 감사드린다. 그리고 어촌에 대해 알아갈 수 있도록 친절하게 도와 주신 지역주민들과 그동안 격려해 준 가족들께도 깊은 감사의 뜻을 표한다.

2006년 9월

송경언

표 차례

그림 차례

사진 차례

Ⅰ. 서 론

1. 어촌의 관광지화 배경과 문제의 제기

1) 어촌의 관광지화 배경

해안의 어촌은 농촌의 일부로 간주되거나 농촌에 가려져 왔다. 그러나 이제 어촌은 기존 주민의 경제활동 장소로부터 외부인이 찾고 싶어하는 관광지로 각광을 받기 시작하고 있다. 1970년대 이후 급속한 도시화에 따라 원격지 어촌 기능은 급격히 쇠퇴되어 왔으나 1980년대 이후에는 어촌의 관광지화가 나타나고 있다. 어촌의 관광지화 배경은 관광지화를 수용할 수밖에 없는 어촌기능의 쇠퇴와 관광지화의 수용에 유리한 어촌기능의 특성으로 구분할 수 있다.

첫째, 관광지화를 수용할 수밖에 없는 어촌 기능의 쇠퇴로, 어촌의 기능은 어업 활동과 어촌 생활환경으로 구분할 수 있다.

어업활동의 쇠퇴에 있어 그 지표로는 어업 가구수의 감소를 들 수 있는데, 이를 농업 가구수와의 비교를 통해 살펴보면, 1965~1995년 기간의 어업가구 감소율은 51.4%로, 농업가구의 감소율 40.1% 보다 높다.[1] 이러한 어업활동

---

[1] 그러나 1975~1995년 기간의 변화를 살펴보면 어업가구(32.0%)가 오히려 농업가구(36.9%)보다 덜 감소한 것으로 나타난다.
어가와 농가의 수는 각각 1965년 215,114가구와 2,506,899가구, 1975년 153,545가구와 2,379,058가구, 1995년 104,480가구와 1,500,745가구 등이다(자료: 농림부, 1965~1990, 농림수산통계연보. 농림부, 1995, 농업총조사. 해양수산부, 1995, 어업총조사보고.)
한편, 어가 소득은 농가 소득보다 적은 것으로 알려져 왔으나, 정반대의 주장도 제기된 바 있다(韓圭勗, 1996, 漁村 經濟構造의 觀察: 그 制度와 生産

의 쇠퇴는 잡는 어업으로 인한 어업자원의 감소, 환경오염에 따른 어장의 황폐화, 국토확장이라는 명목으로 이루어진 간척사업 등으로부터 비롯된 것이다.[2] 특히 어업자원의 감소는 수산물의 인위적 생산 가능성이 농산물보다 제한되므로, 어업활동의 쇠퇴에 막대한 영향을 미치는 것이라 할 수 있다.

어촌 생활환경의 쇠락은 어촌 인구수로써 살피는데, 이는 농촌 인구수와 비교하고자 한다. 어촌과 농촌을 각각 원격지 臨海 面部, 전국 면부 등으로 보면, 원격지 임해 면부와 전국 면부의 1975~1995년 인구 감소율은 각각 53.6%와 57.1%로[3] 거의 비슷하다고 할 수 있다. 어촌의 생산활동은 겸업 가구의 비중이 높고[4] 이 가운데 서비스업 소득의 비중이 증가함[5]으로써 농촌의 생산활동보다 유리할 수도 있지만, 농촌과 마찬가지로 쇠퇴하고 있는 것이다.

둘째, 관광지화의 수용에 유리한 어촌기능의 특성이다. 어촌의 관광지화는 다른 촌락에 비해 보다 활성화되고 있는데, 이는 관광활동의 질적 변화와 더불어 어촌이 그러한 관광관련 활동으로의 변화에 유리하기 때문이다.

관광활동의 질적 변화는 생태를 직접 대하고자 하는 생태관광의 흐름으로, 이에 따라 관광활동은 생태보전이 양호한 촌락에서 많이 이루어지게

을 中心으로, 참한, pp.333-366). 한규설의 답사결과에 의하면 어가소득 18,150천 원이 농가소득 16,927천 원보다 많은 것으로 제시되었다. 반면에, 농림수산부(농수산부, 1994, 농림수산통계연보) 통계로는 1993년의 경우 어가소득 14,431천 원이 농가소득 16,927천 원보다 적다.

2) 全京秀 編, 1992, 韓國 漁村의 低發展과 適應, 집문당, pp.4-5.

3) 1975년과 1995년의 행정 단위가 모두 면인 곳만을 대상으로 하였고, 경기도의 면은 제외하였다(자료: 통계청, 인구주택총조사보고서 1975, 1995).

4) 2000년 겸업 어가는 51,037가구로 전업 어가 30,742가구의 1.7배 정도인 반면, 겸업농가는 455,949가구로 전업농가 928,144가구의 반 정도에 지나지 않는다.

5) 어가와 농가 간 서비스업 정도를 겸업 소득에 대한 서비스업 소득의 비율 추이로써 비교해보면, 1985년~2000년의 경우 어가는 2.8%에서 19.2%로 증가한 반면, 농가는 40.1%에서 29.7%로 감소하였다(농림부, 농림통계연보. 해양수산부, 해양수산통계연보). 이러한 어가의 서비스업 소득 증가는 관광 관련 활동 참여확대의 영향을 받고 있는 것으로 볼 수 있다.

되었고, 생태관광은 촌락 가운데서도 바다와 땅으로 특수하게 구성되며, 다양한 생태를 지닌 어촌에서 보다 활성화할 수 있게 되었다.

게다가 바다라는 어업공간에서 비롯되는 어업활동의 시·공간적 제약은 생산활동들의 병행을 가져오는데, 생산활동이 병행된다는 것은 그렇지 않은 경우보다 새로운 생산활동인 관광관련 활동 참여가 용이하도록 하게 한다고 할 수 있다.

2) 문제의 제기

어촌의 관광지화에 대한 기존 논의에서 제기되는 문제는 관광지 발달과정에 대한 논의의 성격과 연구의 관점으로 구분할 수 있다.

첫째, 논의의 성격과 관련된 것으로, 관광지 발달과정에 대한 논의에 있어 발달단계의 구분 지표로 삼고 있는 것은 대체로 관광객 수와 관광 기능이다. 관광객 수를 지표로 하는 것은 관광지와 관광객의 차이에 대한 고려가 소홀하고, 관광기능을 대상으로 하는 것은 관광지와 관광객의 차이를 반영하지만 관광기능과 불가분의 관계인 주민의 공간적 대응과정에 대한 논의는 소극적인 편이다.

그러나 어촌의 관광기능을 대상으로 할 뿐만 아니라 관광지화에 따른 주민의 공간적 대응양상을 살피는 것은 관광지화 과정에서 발생하는 지역문제 진단을 가능하게 한다. 관광이 지역에 미치는 부정적 영향을 다룬 많은 연구들은 공간적 문제를 온전하게 살핀 것이라고는 할 수 없다.

둘째, 연구의 관점과 관련된 것으로, 관광지화 과정에 대한 공간분석적 관점이 소홀히 다루어졌다는 점이다. 관광지화가 이루어지는 어촌공간은 자연조건의 지배적 영향으로 도시공간이나 농촌공간보다 다양하므로 어촌의 관광지화에 대한 일반화 논의는 더욱 필요하다고도 할 수 있다. 그리고 관광지화 논의에 있어 대표적 일반화론인 「발달단계론」은 관광객 수의 「증가→정체·감소」를 강조함으로써, 대부분의 관광지에 적용될 수는 있지만 관광지의 발달과정을 온전히 설명하는 것으로 받아들이기는 쉽지 않다.

2. 연구의 목적과 방법

이 연구는 제주도 어촌의 관광지화 과정에 있어 바다와 땅이라는 대조적 요소로 구성되는 어촌공간의 이용 양상과 프로세스를 관광어촌 유형 간 비교를 통해 일반화하고자 하는 것으로, 연구의 목적은 셋으로 구분될 수 있다.

첫째, 제주도 관광어촌의 유형화를 시도하는데, 이는 공간이용의 차이가 드러날 수 있도록 한다.

둘째, 공간이용의 전개양상에 대한 고찰은 관광어촌의 일반적 현상인 어촌공간상의 생산활동 간 결합의 과정과 그 추이를 분석한다.

셋째, 공간이용의 프로세스에 대한 분석에 있어서는 관광관련 활동의 생산활동 형태가 겸업에서 전업으로 전개되는 것이 관광관련 활동이란 새로운 기능 참여의 위험부담에 대응하는 과정이라 보고, 이러한 과정이 공간이용 양식에 어떻게 반영되는가를 살피고자 한다.

연구의 방법은 연구의 관점과 자료수집 방법으로 구분하여 살피고자 한다.

첫째, 연구의 관점은 어촌의 관광지화란 지역지리를 구성하기 위하여 공간이용 과정이란 공간분석적 방법을 이용하는 것이다. 즉, 사례어촌의 관광지화 과정에 대한 고찰은 「문제지향적 지역지리」[6]를 기술하는 것이며, 이러한 기술의 방법은 공간이용 변화 과정을 대상으로 함으로써 백과사전식 지역지리를 탈피하고자 하는 것이다.

둘째, 연구 자료의 수집은 어촌 답사와 문헌을 통해 이루어졌다. 답사에

---

6) 백과사전식 지역지리를 탈피하기 위해 어느 하나의 주제에 초점을 맞추어 지역지리를 구성하는 것으로, 여기에서는 문제지향이란 주제를 설정한 것이다(柳佑益, 1986, "현대지리학의 이론과 실제", 현대사회, 제6권 제4호, pp.246-263).

의한 1차 자료는 연구의 틀을 수립할 뿐 아니라 이러한 틀에 따라 관광촌
화 과정에 대한 논의를 위한 것이고, 문헌을 통한 2차 자료는 사례어촌과
어촌 현황을 파악하기 위한 것으로, 사례어촌별 마을지, 소식지, 통계자료
등이 이용되었다.

3. 어촌과 관광어촌에 대한 정의

어촌이란 바다, 강, 호수에서 어류, 패류, 해조류 등 수산 동·식물의 채
취, 포획, 양식, 가공, 제조 행위를 포함하는 수산업에 주로 의존하여 생활
하는 사람들이 거주하는 촌락의 총칭이다.[7] 어촌 판별을 위한 지표로는 어
촌 주민 가운데 농업종사자들이 오히려 많은 경우가 흔하므로, 어업종사자
의 수 또는 비율이 이용되고 있다. 그러나 문제는 그 수치가 어촌이라는
생활공간의 실체를 반영하지 못하는 데에 있다.

어촌은 어업공간이 공동이용되고, 공동작업이 많이 이루어진다. 즉, 어장
과 어항은 대개 공동으로 이용하며, 어로활동은 어선을 이용하므로 공동
작업이 불가피하다. 공동이용과 공동작업은 대체로 소규모 어항을 단위로
이루어지며, 소규모 어항[8]을 끼고 있는 촌락은 중심어촌[9]에 해당된다. 그
러나 어항을 끼고 있는 촌락은 어촌 기초생활권에 있어 생산의 중심이나
생활의 중심으로는 보기가 어려워 이를 중심어촌으로 간주하는 것은 무리
가 따르지만 관광어촌의 유형화에 대한 논의가 생산활동을 중심으로 이루

---

7) 한상복, 1991, 민족문화대백과사전 15, 한국정신문화연구원, p.36.

8) 소규모어항 존재의 지표는 어항의 기본시설인 방파제나 선착장 가운데 어
   느 하나는 구비해야 하는 것으로 볼 수 있다.

9) 중심촌락 가운데 어촌인 경우에 해당되는 것이다. 중심촌락이란 초등학교
   학구 단위의 기초 생활권의 중심에 해당되는 마을이다(柳佑益, 1988, 農村
   地域下位中心地體系의 改善方案, 제6차 農漁村地域綜合開發워크숍, 한국농
   촌경제연구원, pp.11-23).

어지므로, 어촌공간에 대한 구분은 어업활동의 중심인 중심어촌과 그렇지 않은 배후어촌으로 나누고자 한다. 그리고 배후어촌 판별에 있어 기능적 지표는 중심어촌으로의 도보에 의한 접근 가능성이고, 등질적 지표는 어업공간의 공동이용을 반영하는 어선 두 척 이상의 존재라고 할 수 있다. 따라서 어촌은 소규모 어항을 끼고 있는 중심촌락과 그 인접 촌락 중 두 척 이상의 어선을 보유한 곳이라고 할 수 있다.

그리고 관광어촌이란 어촌의 대표적 생산활동인 어업과 관광이 결합되는 것을 의미하지만, 어촌의 관광관련 활동10) 비중은 주민의 생산활동과 관광활동 특성상 높지만은 않다. 어촌주민의 생산활동에 있어서는 관광관련 활동이 대체로 기존생산활동과 병행되며, 관광활동 특성에 있어서는 어촌의 관광기능 비율이 높다는 사실이 관광객의 목적지 선정에 부정적 영향을 미칠 수 있기 때문이다. 따라서 관광어촌이란 관광객들이 주로 이용하는 관광관련 기능이 하나 이상 분포하는 어촌이라 보고자 한다.

한편, 관광기능 분포의 공간적 범위는 대개 어업공간과 어업관련기능이 분포하는 공간으로 제한될 수 있다. 왜냐하면, 관광활동은 이들 공간을 벗어나면 어업관련활동과의 관련성이 매우 적은 것으로 볼 수 있기 때문이다.

---

10) 관광활동과 관련된 주민 생산활동을 의미하는 것으로 사용하고자 한다.

Ⅱ. 이론적 배경과 연구의 틀

1. 어촌의 공간적 특성

1) 내부구조

어촌공간은 바다와 땅으로 구성되며, 이러한 두 공간의 대조적 성격은 각 공간에 입지하는 관광기능의 차이에 지배적 영향을 미치므로, 어촌의 내부구조에 대한 논의가 먼저 이루어진다. 이는 어촌공간의 구성요소인 어장, 어항, 어촌 등으로써 살펴볼 수 있다.

첫째, 어장은 어촌을 구성하는 하나의 배후공간으로,[1] 어항으로부터의 거리에 따라 구분된다. 연근해 어장은 대개 하루 동안에 작업을 마치고 돌아올 수 있는 연안어장과 그렇지 않은 근해어장으로 나누어진다. 연안어장 중 대체로 수산물의 채취·채포가 용이한 범위[2]에서는 '마을어업'이 이루어지고 있고, '마을어장'은 어장에 가장 인접한 마을의 어촌계에 의해 이용되고 있다. 한편, 원양어장은 어촌의 어업활동과는 무관하므로 논외로 한다.

둘째, 어항은 어업의 근거지이며, 어촌의 중심지를 형성하기도 한다. 어항의 기본시설은 바다에 닿아 있는 것으로, 어선의 안전한 정박에 필요한 방파제[3]와 선착장이다. 어항의 기본시설은 어선이 어항에 안전하게 정박할

---

1) 어촌공간은 생활공간인 땅뿐만이 아니라 어업공간인 바다를 포함하고 있으나, 흔히 생활공간만을 뜻하는 것으로 사용되고 있는데, 이는 어촌의 생활공간과 어업공간이 확연히 구분되는 내부구조에서 비롯된 것이라 여겨진다.

2) '마을어업'의 어장수심 한계는 최간조시의 평균수심이 5m(경기도, 전라도, 충청남도, 경상남도 등) 또는 7m(강원도, 경상북도, 제주도 등) 이내로 정해져 있다(수산업법 시행령 제2장 제10조).

3) 방파제는 해안선 변화정도와 도서 위치 등에 따라 그 기능이 대체될 수 있

수 있도록 하는 것인 반면, 어항의 보조시설은 어선이 어항에 머무르는 동안 생산물을 뭍으로 전달하고 생산활동을 준비하도록 하는 것으로, 어선 및 어구 정비시설, 제빙시설, 선원의 숙식 및 휴식 장소, 어업활동조직의 공동시설 등의 어업관련기능을 포함한다. 따라서 좁은 의미의 어항공간은 어항의 기본시설인 방파제와 선착장 등으로 구성되는 반면, 넓은 의미의 어항공간은 어항의 보조시설이 위치하는 곳까지라고 할 수 있다.

어항공간은 어업관련 기능과 더불어 생활관련 기능이 입지함으로써 중심지가 형성될 수 있는데, 이곳이 생활공간의 중심일 때, 거주공간에서는 치우쳐 위치해 있으나 어장을 포함하는 배후공간에서는 치우쳐 있지 않다고 볼 수 있다.

셋째, 중심어촌의 거주공간은 어항 가까이 밀집함으로써 집촌을 형성한다. 이는 생활공간의 어업관련활동이 해안에 인접하고, 어장의 공동이용과 공동작업에서 비롯되는 것이다〈그림 1〉. 어업관련활동이 해안에 인접하는 것은 어업활동을 준비하고 수산물을 유통시키는 데 편리하도록 하기 위한 것이며, 어장의 공동이용과 공동작업은 어장과 어항을 공동소유하고 어선을 이용하도록 하는 어업공간의 특성에서 비롯된 것이다.

어촌과 농촌의 일반적인 촌락형태는 집촌이나, 그 가옥 밀도는 어촌에서 보다 높게 나타난다. 이는 집촌을 형성시키는 요인이 어촌에서 보다 강하게 작용하기 때문이라고 할 수 있다. 농촌과 어촌의 집촌형태는 대체로 공동작업의 필요성과 생산공간과 거주공간 간 거리의 최소화에서 비롯된 것이라 할 수 있다. 어촌의 공동작업은 어업공간의 특성상 불가피한 것으로 농촌의 경우보다 절실한데, 이는 자생적인 공동작업 조직이 어촌계로 공식화한 것에서도 알 수 있다. 생산공간과 거주공간 간 거리의 최소화에 있어서는 농토가 흩어져 있는 농촌의 거주공간은 대체로 촌락의 중심에 위치하는 반면, 어업공간과 생활공간이 면해있는 중심어촌의 거주공간은 어항의 구심력에 의해 어업공간에 인접하게 된다.

으므로 필요하지 않을 수도 있다.

〈그림 1〉 어촌공간과 어업활동의 관계

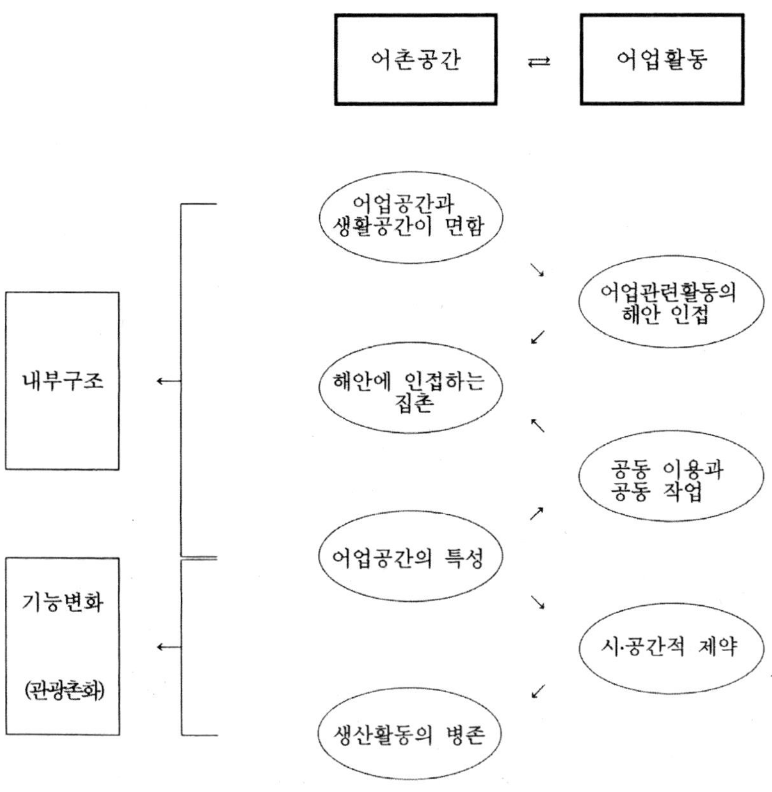

〈그림 2〉 어촌 내부공간의 구성

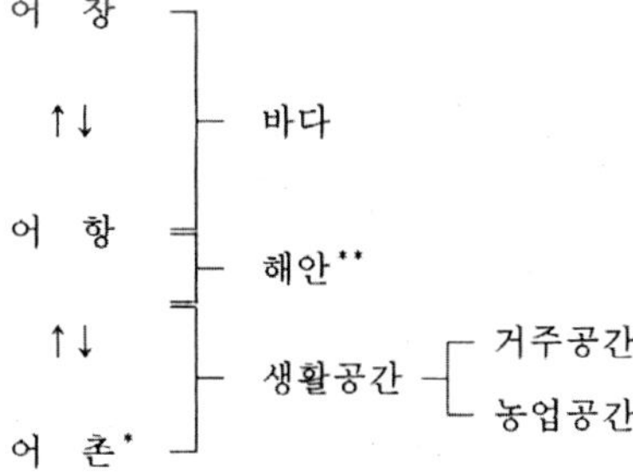

  * 어촌은 어장과 어항을 포함하나, 이 그림에서는 그렇지 않은 것으로 간주함.
 ** 해안은 어업관련기능이 분포하는 곳으로 봄.

한편, 어촌 내부를 구성하는 어장, 어항, 어촌 등의 세 공간〈그림 2〉은 상관관계를 보인다. 즉, 어항의 규모는 어장과의 거리뿐만 아니라 어촌의 공간계층과도 비례 관계를 나타낸다.

2) 기능적 유형

중심도시와의 관계를 지표로 하는 어촌의 기능적 유형을 고찰함으로써, 제주도 어촌을 대상으로 하는 관광지화 논의가 갖는 의미를 살피고자 한다.

첫째, 대도시를 중심으로 하는 어촌의 기능적 유형은 대도시주변 어촌과 원격지 어촌으로 구분된다. 대도시주변 어촌과 원격지 어촌의 구분을 위한 대도시 주변의 공간적 범위는 그 대상이 관광활동 또는 일상생활인가에 따라 차이를 보인다. 관광활동은 일상생활 공간을 벗어나는 것이며, 관광 대상지로서 대도시 주변의 공간한계는 하루에 관광활동을 마칠 수 있는 범위이기 때문이다. 관광지에서의 활동시간과 이에 필요한 이동시간을 고려할 때 관광활동시간은 이동시간보다 적지 않은 것이 바람직한 것이므로, 관광활동시간을 1일 법정 근로시간인 8시간을 대체하는 것이라고 한다면 대도시주변의 시간거리 한계는 대도시로부터 대체로 2시간 거리 정도이다. 따라서 이 범위를 벗어나면 원격지 어촌으로 볼 수 있으므로 제주도 어촌은 원격지 어촌에 해당된다.

둘째, 중소도시를 중심으로 하는 어촌의 기능적 유형화로, 이는 원격지 어촌을 대상으로 하는 것이다.

〈그림 3〉은 어촌 중심지의 계층이 최하위 공간일 때의 중심어촌과 배후어촌의 위치를 나타낸 것으로, 어촌과 농촌의 기능은 배타적이지 않음을 볼 수 있다. 배후 어촌공간은 중심어촌뿐만 아니라 중심농촌의 영향권에도 포함되며, 중심농촌의 영향권에는 농촌뿐만 아니라 어촌도 포함되고 있는 것이다.

〈그림 3〉 중심어촌과 배후어촌의 위치

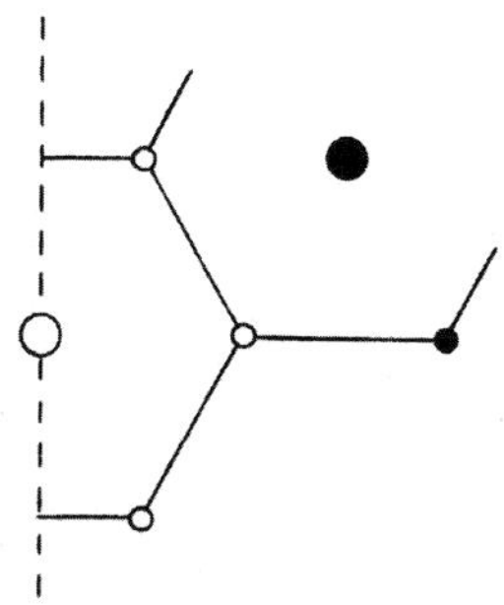

i) 중심어촌이 해안에 인접하는 경우

○ 중심어촌
● 중심농촌
ｏ 배후어촌
• 배후농촌
--- 해안선

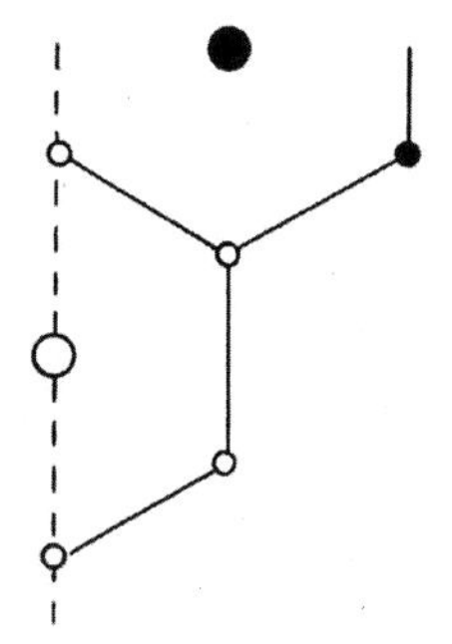

ii) 중심어촌과 배후어촌이 해안에 인접하는 경우

　어촌과 농촌의 기능은 배타적이지 않으나, 그 내부구조는 뚜렷한 차이를 보인다. 기초생활권에 있어 어업활동의 중심인 어항공간은 바다에 인접할 수밖에 없으므로, 농촌과는 달리 생산활동의 중심인 어항공간이 생활의 중심이 되기에는 쉽지 않다. 이를 일상생활권으로 확대시키면 어항을 끼고 있는 도시는 어촌의 일상생활의 중심지가 되지 못하는 경우가 많으며, 어항을 끼고 있는 어촌중심도시가 일상생활의 중심에 해당되지 않는 어촌에서는 해안에서 떨어진 농촌중심도시를 일상생활의 중심지로 이용하게 된다. 따라서 어촌 생활의 중심도시 위치는 어항으로부터 도보통행권인 어촌공간과 공간적으로 통합되거나 분리되며, 어촌공간과 통합된 중심도시는 어촌중심도시이고, 어촌공간과 분리된 중심도시는 농촌중심도시라고 할 수 있다. 어촌중심도시는 배후농촌의 생활과 생산관련 행동의 중심이 될 수 있는 반면, 농촌중심도시는 배후어촌의 생활관련 행동의 중심은 될 수 있으나 생산관련 행동의 중심은 될 수 없다. 따라서 어촌중심도시는 농촌중심도시라고도 할 수 있으나 농촌중심도시는 어촌중심도시라 할 수 없고, 마찬가지로 어촌지역은 농촌지역이라고도 할 수 있으나 그 역은 성립하지 않는다.

따라서 원격지 어촌공간은 기본적으로 중심이 어촌중심도시인 어촌지역 어촌과 중심이 농촌중심도시인 농촌지역4) 어촌으로 구분할 수 있으며,5) 어촌지역인 제주도 어촌을 관광촌화 연구의 대상으로 삼는 것은 중심도시가 모두 어촌중심도시인 배후어촌을 사례로 선정하는 것이라 할 수 있다.

더욱이 어촌지역 어촌의 접근성은 농촌지역 어촌보다 양호하다고 할 수 있다. 왜냐하면 해안지역 간선도로가 해안에 면하는 어촌중심도시와 그렇지 않은 농촌중심도시를 연결함으로써, 어촌지역 어촌은 농촌지역 어촌에 비해 중심도시 간 도로로부터의 평균거리가 짧아지기 때문이다. 이는 어촌지역 어촌의 관광기능 규모가 보다 확대될 수 있음으로써, 다양한 규모의 관광어촌을 대상으로 할 수 있다는 것을 의미한다.

셋째, 도서공간은 일상생활의 중심도시가 내부에 반드시 존재하는 것은 아니므로, 중심도시와 도서 간 시간적 거리에 의해 해안도서, 연안도서, 낙도 등으로 구분할 수 있다.6) 해안(지역)도서는 섬 자체에 중심도시가 있거

---

4) 생산을 포함하는 생활의 공간단위가 지역이지만 이 논의에서는 생산을 포함하지 않는 생활의 공간단위도 지역이라 하고자 한다.

5) 두 어촌 간 가장 두드러진 차이점은 농촌지역 어촌은 어업관련활동의 중심이 어촌중심도시이므로 어촌지역 어촌과는 달리 생활과 생산관련활동의 중심도시가 일치하지 않는다는 것이다. 생활과 생산 관련활동의 중심도시가 일치하지 않으면 불가피하게 통행의 비효율성과 더불어 지역의식의 공간적 분열을 가져온다.

6) 뭍의 공간체계는 중심도시의 체계인 반면, 도서의 공간체계는 동일한 중심

나 뭍의 중심도시로 통근·통학이 가능한 곳이어서 뭍의 원격지 어촌에 포함시킬 수 있다. 연안도서는 중심도시로의 왕래에 하루가 소요되고, 낙도는 연안도서보다 뭍에서 더 떨어진 곳이다. 이에 따르면 제주도의 도서어촌이 분포하는 우도, 추자도, 비양도, 가파도, 마라도 등은 모두 중심도시로의 왕래가 하루에 가능하므로 연안도서라고 할 수 있다.

2. 연구 동향

1) 어촌에 대한 연구

어촌공간을 구성하는 생활공간과 어업공간은 각각 땅과 바다이므로, 두 공간의 이용은 확연히 구분된다. 따라서 어촌에 대한 연구 분야는 생활공간과 어업공간 가운데 무엇을 대상으로 하며, 어떻게 인식하는가에 따라 구분할 수 있다.

생활공간과 어업공간에 대한 연구는 지리학, 생활공간을 중심으로 하는 연구는 인류학과 사회학, 어업공간에 대한 연구는 생태학과 해양학 등으로 나누어진다. 지리학은 어업공간과 생활공간이 기능적으로 통합되어 있는 것으로 파악하고, 인류학과 사회학은 특수한 환경에 대한 어민의 적응이라는 차원이다. 이와는 달리 생태학과 해양학은 생활공간과는 분리된 바다 자체의 생태와 환경을 규명하고자 한다.

먼저, 지리학에서의 어촌연구를 대상으로 한다. 어촌에 대한 지리학적 연

도시의 배후공간 체계에 해당된다. 도서의 공간체계인 「해안도서 – 연안도서 – 낙도」는 뭍의 중심지체계인 「소도시 – 대도시 – 수위도시」에 비교될 수 있다. 즉, 해안도서와 소도시 계층은 일상적 통행이 이루어지고, 연안도서와 대도시 계층은 하루에 비일상적 왕래가 가능하며, 낙도와 수위도시 계층은 하루에 왕래가 불가능한 경우가 있다는 것이다.

구의 대부분은 촌락 단위의 인문공간을 대상으로 어촌의 특수성과 다양성을 밝히는 것이라 할 수 있다. 특수성 연구는 가장 일반적인 기능의 촌락인 농촌에 비교되는 특수한 내부구조를, 다양성 연구는 자연의 지배적 영향을 받는 다양한 어업활동을 주요 대상으로 한다.

지리학적 어촌연구에 대한 구분은 어촌공간과 불가분의 관계인 어업활동과의 관련성에 대한 논의〈그림 1〉를 바탕으로 할 수 있다.

첫째, 어촌의 생산활동과 어업공간 각각에 대한 연구이다. 어촌 생산활동에 대해서는 특정 촌락의 어업활동과 이와 병존하는 겸업활동에 대한 연구가 많이 이루어진 반면, 어업공간에 대한 연구에 있어 어업활동의 근거지인 어항에 대해서는 1970년대를 중심으로 초기적 성과가 이루어졌고, 어장의 생태에 대해서는 1990년대 이후 시도되고 있다고 할 수 있다.

둘째, 촌락 내부구조에 대한 연구이다. 어항을 중심으로 집촌이 형성되는 내부구조는 어업활동의 해안인접과 공동적 성격의 영향을 받아 형성된다. 이에 대한 연구는 그 형태와 기능에 대한 것이 대부분을 차지하며, 어촌연구에 있어 높은 비중을 차지하여 왔다.

셋째, 어촌의 기능변화 즉, 관광촌화에 대한 연구이다. 이는 어업활동의 시·공간적 제약에 따른 여러 생산활동의 병존과 관련된 것이다. 어촌의 관광지화에 대한 연구는 관광촌화의 과정과 관광기능에 대한 것으로 나누어 볼 수 있는데, 주로 관광기능에 초점을 맞추고 있다.

넷째, 어촌공간의 특수성에 대한 적응을 대상으로 하는 연구에도 관심이 나타나고 있다. 이에는 다양한 시·공간적 제약을 받는 어업활동과 그 경험의 전승, 어업공간의 공동이용과 공동작업에 따른 어업활동의 조직화에 대한 것으로 나누어 볼 수 있다.

마지막으로 어촌과 어업의 역사에 대한 연구와 어촌의 특수성과 다양성을 토대로 하는 지역지리적 연구를 들 수 있다.

한편, 여타 학문에서의 어촌연구는 어업활동의 특성과 관련된 것으로, 이는 어업활동의 공동작업과 시·공간적 제약으로 나누어 볼 수 있다. 공동작업에 대해서는 작업 자체와 그 조직인 어촌계에 대한 연구가 많이 이루어진 편이다. 어업활동의 시·공간적 제약과 관련해서는 이에 영향을 미치는 해양의 생태와 환경에 대한 연구와 이러한 제약에 적응하는 생활양식에 대한 연구가 있다.

2) 관광지의 발달에 대한 연구

(1) 관광지의 발달과정에 대한 연구

관광어촌(관광지)의 발달과정에 대한 연구 방법론은 공간에 대한 인식차에 따라 발달단계론, 경관변화론, 공간계층론, 사회적 공간론 등으로 구분할 수 있는데, 발달단계론은 관광지의 공간적 차이를 소홀히 한 것인 반면, 경관변화론, 공간계층론, 사회적 공간론 등은 지리학에 있어 공간개념에 대한 논의 전개[7]와 관련된다.

① 발달단계론

발달단계론은 관광지의 발달이 일정한 단계를 거치며 진행된다는 것으로, 발달단계의 귀납적 추론과는 구분된다. 이러한 논의 가운데 대표적인 것은 두 가지를 들 수 있다.

하나는 관광지 발달단계의 모델로 널리 받아들여지고 있는 것으로, 고전적인 제품생애주기를 관광에 적용하여 관광지 발달단계를 관광객 수라는 지표로써 구분한 것이다(Butler, 1980). 관광지의 발달과정은 「탐색→설비제공→개발→정착→정체→쇠퇴 또는 재활성화」라는 여섯 단계로 제시되었다. 탐색(Exploration) 단계에서는 관광객이 자연과 문화의 특수성에 매력을 느끼며, 개별적으로 방문한다. 관광객을 위해 만들어진 시설이 없으므로, 관광지 주민과 빈번히 접촉하게 되고 주민 시설들을 많이 이용한다. 설

---

7) 공간 개념에 대해 경관변화론은 형태론적인 문화경관, 공간계층론은 계량적 거리, 사회적 공간론은 사회적 거리 등으로 규정함으로써 차이를 보인다.

비제공(Involvement) 단계에서는 관광활동이 부분적으로 규칙성을 보임에 따라 일부 주민들이 관광객들에게 우선적이거나 관광객들만을 위한 설비를 제공하기 시작한다. 개발(Development) 단계에서는 관광지의 물리석 변화가 현저하나 이에 대해 주민 전체가 긍정적인 것은 아니며, 지방이나 국가적 차원의 계획과 설비제공은 필수적이나 이에는 주민의견이 전혀 반영되지 않을 수 있다. 정착(Consolidation) 단계에서는 관광객 수가 여전히 증가하지만 그 증가율은 둔화되고, 관광은 관광지의 경제에 있어 주요 부분으로 자리를 잡는다. 정체(Stagnation) 단계에서는 관광객 수가 최고조에 이르고, 단체관광의 형태로 조직화되며, 관광지 수용력의 한계가 나타남으로써 환경적, 사회적, 경제적 문제들이 야기된다. 정체 단계 이후에는 쇠퇴(Decline) 단계 또는 재활성화(Rejuvenation) 단계가 나타난다. 쇠퇴 단계에서는 보다 새로운 매력을 가지는 곳과 경쟁할 수 없으므로, 관광객 수가 감소하고 수요공간이 축소된다. 재활성화 단계는 인공적인 매력을 추가하거나 개발되지 않은 자연자원을 이용함으로써, 기존 관광지의 매력을 완전히 바꾸는 것이다. 그리고 이러한 관광지 발달단계 모델은 모든 관광지에 적용될 수 있는 것은 아니며, 변화의 양상도 개발 정도, 관광객 수, 접근성, 정책, 경쟁관계의 관광지 등의 영향을 받아 관광지에 따라 변형될 수 있다고 했다.

또 다른 하나의 발달단계론은 Butler의 모델과 유사한 것으로, 주변부 관광지의 발달단계를 「탐색→국지적 통제→제도화→위기」와 같이 구분한 것을 들 수 있다(Keller, 1987). 탐색(Discovery) 단계에서는 개발이 거의 이루어지지 않는데, 이는 특정 관광객으로 매우 제한되거나, 단지 지리적 또는 정치적으로 격리되어 있기 때문이다. 국지적 통제(Local Control) 단계에서는 관광지 차원에서 개발이 이루어지지만, 국가적, 국제적 차원에서는 주변부 관광지에 대한 투자를 꺼리고 지방정부는 개발을 제한한다. 제도화(Institutionalism) 단계에서는 개발이 부분적으로 대규모의 기업과 공공기관에 의해 이루어지는데, 외부 투자주체와 주변부 정부 간 경쟁으로 중심-주변 간 갈등이 나타난다. 앞의 발달단계들을 거치면서 개발에 대한 통제와 자본 투입의 공간적 계층은 「국지적→지방적→국가적→국제적」 차원으로 변화한다. 마지막으로 위기(Crises Period) 단계에서는 관광지의 지나친 개발로 인해 초기의 매력이 상실됨에 따라 관광객이 감소하고, 자본 투자는 더 이상 효율적이지 않게 된다.

② 경관변화론

경관변화론은 어촌공간 가운데 바다의 관광기능을 다룬 연구는 보이지 않으므로, 말타(Malta) 관광어촌에 있어 해안의 관광기능을 대상으로 한 경관변화 모델(Young, 1983)을 살펴보고자 한다. 경관변화는 여섯 단계 - 초기 전통어촌, 후기 전통어촌, 최초 관광어촌, 초기 관광어촌, 관광어촌 개발, 관광어촌 정착 - 로 구성된다.

제1단계(초기 전통어촌 단계, Early Traditional)에서는 어업과 농업이 병행되고, 관광활동은 이루어지지 않는다. 어업종사자의 거주지는 해변에 위치하고, 농업종사자의 거주활동은 해변으로부터 떨어진 곳에서 이루어진다. 제2단계(후기 전통어촌 단계, Late Traditional)에서는 어업과 농업활동이 여전히 많이 이루어지나, 부유한 지방민과 국내 관광객들을 위한 소규모 별장들이 나타나기 시작한다. 제3단계(최초 관광어촌 단계, Initial Tourism)에서는 지방민들이 이용하는 별장은 증가하기 시작하나, 관광객은 적고 이와 관련된 경관변화는 소규모 민박과 같은 형태에 한정된다. 제4단계(초기 관광어촌 단계, Early Tourism)에서는 고급 관광시설들이 전망 좋은 곳에 입지하고, 지방민 휴가를 위한 숙박시설이 등장한다. 별장 분포는 어촌중심으로부터 확산되고, 음식점은 어업종사자 거주지에 들어선다. 어촌 주민들은 관광객들이 필요로 하는 상품과 서비스를 제공하고 고급 관광시설에 고용되기도 하지만, 관광관련 활동 참여에 있어 사회·공간적으로 분리되는 경우도 볼 수 있다. 제5단계(관광어촌 개발 단계, Expanding Tourism)에서는 관광부문이 더욱 활성화되고 어촌 토착민의 이익을 위한 관광지 개발이 국가의 도시계획 차원에서 이루어진다. 외국 투자가들이 부분적으로 참여하는 고급 호텔과 컨벤션 센터가 들어서고, 이주민들은 약국, 부띠끄, 미용실, 식당, 주점, 주유소 등의 관광관련시설들을 운영한다. 제6단계(관광어촌 정착 단계, Intensive Tourism)에서는 마을 팽창에 따른 최종단계의 도시개발과 상·하수도 정비가 이루어지면서 민간부문의 투자가 나타난다. 지방민과 외부 관광객을 위한 다양한 형태의 숙박시설이 곳곳에 분포하고, 카지노, 공연시설 등과 같은 새로운 시설이 입지한다.

③ 공간계층론

관광지 발달과정에 대한 공간계층론으로는 관광지의 수요공간 계층 변화를 대상으로 한 연구를 들 수 있는데, 수요공간 계층의 시간적 변화는 상향화와 하향화로 구분된다.

시간이 경과함에 따라 수요공간 계층이 상향화한다는 연구는 말레이반도 동부해안 관광지개발의 초기 단계에 있어 국내 관광의 중요성을 강조한 것을 들 수 있다.[8] 이에 따르면 관광지는 단계적－① 관광지 주민의 해변 이용은 리조트 개발에 대한 관심을 가져옴 ② 초기의 리조트는 국내 관광객의 수요를 충족시키기 위한 것임 ③ 국외 관광객을 위한 리조트로 개선됨 － 으로 변화한다.

반면에 특정 관광지에 있어 시간의 경과에 따라 수요공간 계층이 하향화한다는 연구는 유럽의 국제적 해변관광지의 공간적·시간적 발달을 모델화한 것이다.[9] 이는 관광지와 수요공간 간 거리에 따른 주변지역 네 곳의 역사적 발달과정에 대한 고찰로서, 수요공간으로부터 가까운 관광지일수록 발달 원동력의 외부 의존도는 적어지나, 시간의 경과에 따라 네 주변지역에서는 관광수요가 점차 보다 낮은 계층으로 확대되고, 관광지 개발에 대

---

8) Wong, P. P., 1986, "Tourism development and resorts on the east coast of Peninsular Malaysia," Singapore Journal of Tropical Geography, Vol.7 No.2, pp.152-162. Pearce, 1989, pp.91-93에서 재인용.

9) Gormsen, E., 1981, "The spatio-temporal development of international tourism: attempt at a centre-periphery model," La Consommation d'Espace par le Tourisme et sa Préservation, C.H.E.T., Aix-en-Province, pp.150-170. Pearce, 1989, pp.19-22에서 재인용.

한 지역적 차원의 참여도 증대된다고 하였다.

④ 사회적 공간론

관광지 주민집단에 따라 관광관련 활동의 공간적 양상이 차이를 보인다는 사회적 공간론으로는 대도시인 울산 주변어촌의 관광지화 과정을 살핀 연구(백선혜, 1997)를 들 수 있다. 어촌의 연안어업이 쇠퇴하고 대도시민이 여가활동을 위해 어촌을 찾기 시작함으로써, 轉業을 모색하던 어업종사자는 대도시민을 대상으로 하는 서비스업에 종사하게 되었다. 이러한 관광어촌으로의 변화는 공동작업 조직인 어촌계 중심으로 이루어졌고, 토착민 중심의 어촌계는 활어위판장을 설립함으로써 이주민의 서비스업에 대응하였다. 관광어촌으로의 변화단계는 「이주민의 활어 요식업 종사→어촌계의 활어위판장 설립→위판장관련 서비스업 파생」으로 제시되었다.

(2) 관광어촌의 유형화에 대한 연구

관광어촌의 유형화 연구에 대한 고찰은 관광어촌뿐만 아니라, 어촌이 위치하고 있는 해안의 관광지까지 포함하고자 한다.

첫째, 해안지역 관광지의 기본적 유형을 민박형과 리조트형 등으로 구분하고, 관광지역 특성은 이와 같은 두 가지 유형의 발달정도와 규모의 차이로부터 파악할 수 있다고 한 연구를 들 수 있다(淡野明彦, 1998).

민박형 관광지는 관광객이 증가하면서 여관에 버금가는 민박시설이 많이 갖추어지더라도 해수욕과 민박으로 이루어지는 기본형태는 변하지 않고, 해수욕객이 집중되는 여름철 이외에도 어패류 음미를 위한 관광활동이 이어질 수 있다고 하였다. 그리고 민박형 관광지의 형성 조건은 등질적인 것과 기능적인 것으로 구분하였다. 등질적 조건은 해수욕장으로 이용할 수 있는 사빈과 민박을 운영할 수 있는 노동력의 존재이다. 사례의 경우, 잠수어업이 활발히 이루어지던 사빈은 해수욕장으로 이용되고, 잠수어업의 비효율성으로부터 비롯되는 노동력의 잉여는 민박운영에 긴요하게 되었다.

기능적 조건은 대도시 주변의 해수욕장 쇠퇴와 원격지까지 접근이 용이하도록 한 교통의 발달을 들었다. 한편, 민박이 증가함에 따라 이와 관련된 관광관련 활동들이 이루어진다고 하였다. 관광지 주민들은 민박 기능에는 어패류 등의 물자와 서비스, 관광객에게는 식사와 레크레이션 활동을 제공하는 일에 종사하게 된다는 것이다.

리조트형 관광지는 모든 시설이 처음부터 전체계획에 의해 이루어지며, 경유형이라기보다는 체제형이라고 하였다. 리조트가 입지하기 위해서는 경관이 수려하고 기후조건이 탁월한 넓은 면적의 땅과 바다를 단기간 내에 확보해야한다고 한다. 즉 해안 리조트가 건설되기 위해서는 관광활동을 위해 탁월한 자연조건을 갖출 뿐만 아니라, 관광기능과 토지이용 경쟁을 하게 되는 기존 토지의 생산성이 낮아야 한다는 것이다. 그 밖의 입지조건으로는 다양한 레크레이션 활동 제공, 유리한 교통조건, 민간자본의 참여 등을 들었다.

그리고 복합형 관광지는 관광지내에 경관감상과 해수욕 등 개별 관광수요에 대응하는 여러 관광지가 가까이 위치하고, 교통조건과 참여자본 등이 유기적으로 결합함으로써 성립한다고 보았다. 관광객으로서는 가까운 곳에서 다양한 관광활동을 할 수 있는 이점이 있고, 각각의 관광수요에 대응하는 관광루트의 설정이 용이하다. 복합형 관광지역은 등질지역인 단일형 관광지역들이 조합하여 이루어진 기능지역의 구조를 가지며, 전체적으로는 다양한 관광수요에 대응하는 등질적 관광지역에 해당된다고 하였다.

둘째, 한국 어촌에 대한 개괄적 차원의 연구로, 민박 중심의 관광어촌과 수산물 판매 중심의 관광어촌으로 구분하고 있는 것이다(김일기, 1998). 민박 중심의 관광어촌은 1970년대 동해안의 해수욕장 및 그 밖의 관광지와 인접한 곳에서 본격적으로 나타나기 시작하였고, 1980년대에는 동해안뿐만 아니라 전국적으로 확산되었다고 한다. 동해안의 민박이 주로 여름철의 해수욕객들을 대상으로 한 것이라면, 서·남해안에서는 바다낚시가 발달함에 따라 해수욕객들뿐만 아니라 바다낚시객도 이용하게 된 것이다. 그리고 생선회, 건어물, 젓갈 등 수산물 판매 중심의 관광어촌은 1970년대 초에 주로 대도시 인접 어항을 중심으로 기능이 발달하기 시작하였고, 1980년대에는 자가용의 급속한 보급에 따라 원격지에도 분포하게 되었다고 한다.

3. 연구의 틀

1) 연구의 배경

관광지 발달과정에 대한 기존 논의인 발달단계론, 경관변화론, 공간계층론, 사회적공간론 등 개별적 논의에 대한 종합적 검토를 통해 이 연구의 필요성을 살피고자 한다.

기존 논의는 기술적 또는 분석적이란 연구관점의 차원에 있어 대부분 개별 사례에 대한 기술적 차원의 연구라고 할 수 있다. 분석적 논의가 적지는 않으나 비교적 단순하게 이루어졌으며, 발달단계론과 공간계층론이 이에 해당된다고 할 수 있다. 또한 기술적 차원의 연구는 어촌 간 내부공간의 차를 대상으로 한 반면, 분석적 연구는 어촌 외부공간과의 관계를 중시하고 있다. 이에 따라 관광촌화 과정에 있어 어촌 내부공간의 변수에 근거한 일반화 논의가 이루어지지 않고 있다고 할 수 있다. 발달단계론과 공간계층론이 변화의 지표로서 각각 관광객 수와 수요공간 계층을 설정하고 있는 경우는 관광촌화에 영향을 미치는 외부 요인 자체가 관광지 내부 변화의 실체로 거론되고 있는 것이다.

어촌 내부공간에 대한 연구는 대체로 관광지화의 양상을 대상으로 할 뿐 이와 분리될 수 없는 관광지화의 과정은 배제되고 있으며, 어촌 내부의 관광지화 과정에 대한 논의는 일정 변수의 단계적 추이를 대상으로 하는 것이 아니라 사례어촌에 대한 특수 요인의 영향력을 강조하고 있는 것에 머물러 있다.

따라서 이 연구는 어촌 내부공간을 대상으로 관광지화의 양상과 과정에 있어 일련의 단계를 추론하고자 하는 연구배경을 지니게 된 것이다.

2) 연구의 틀

제주도 어촌의 관광지화에 따른 공간이용 변화 과정에 대한 연구의 틀은 〈그림 4〉와 같이 제시될 수 있다.

첫째, 관광어촌의 유형화는 관광기능의 어촌공간상 위치에 따라 이루어진다. 왜냐하면, 어촌공간을 구성하는 바다와 해안은 자연조건과 기능이 대비되므로, 관광관련공간으로서의 발달과정도 차이를 보일 것이기 때문이다.

한편, 어촌 내부구조를 구성하는 공간은 바다, 해안, 생활공간 등으로 구분하는데, 이 중 관광기능 위치는 대체로 바다와 해안이라고 할 수 있다. 왜냐하면 어촌관광은 곧 바다를 찾는 것이고, 바다가 바로 보이는 곳은 대체로 해안까지이기 때문이다.

둘째, 사례어촌별 관광지화 과정에 대한 분석은 생산활동 간 병행과 그 전개를 대상으로 하고자 한다. 생산활동 간 병행은 계절성[10]을 지니는 하나의 생산활동이 그 밖의 생산활동과 결합함으로써, 그 전개는 이전의 생산활동이 이후의 생산활동에 영향을 미침으로써 이루어진다. 사례어촌에 대한 고찰은 이러한 생산활동 간 병행에 있어 「무엇이」, 「어디에서」, 「누구에 의해」, 「언제」 이루어지는가에 대해 기술하는 것이다. 사례어촌별 관광지화 과정에 대한 기술은 기존생산활동에서 관광관련 활동으로의 변화가 대체로 「기존생산활동 간 병행→기존생산활동과 관광관련 활동의 병행→관광관련 활동 간 병행→전업의 관광관련 활동」[11]이라는 순서로 진행될 것

---

10) 생산활동의 계절성이란 좁게는 생산활동이 이루어지지 않는 계절이 있음을 뜻하나, 넓게는 생산활동의 계절별 차이를 포함한다.

11) 전업의 관광관련 활동은 생산활동 간 병행에 해당되지는 않지만 관광촌화 과정의 일부일 뿐만 아니라, 생산활동의 병행으로부터 이어지는 것이므로

이므로 이러한 틀로 이루어진다.

셋째, 생산활동의 병행양식으로써 관광촌화 과정의 공간이용 양상을 파악하고자 한다. 관광어촌의 생산활동들이 대개 계절성을 보이므로, 어촌의 관광지화 양상은 생산활동의 병행 양식으로써 파악될 수 있다. 생산활동의 병행을 가져오는 계절성이 바다와 해안에 따라 차이를 보이므로, 생산활동의 병행 양식은 관광기능의 어촌공간상 위치에 따라 차이를 보일 것이다.

한편, 생산활동 병행양식의 구분을 위한 지표로는 상이한 생산활동 간 병행이 가능하도록 하는 요인을 사용하고자 한다. 그리고 생산활동의 결합 단위는 성별 분업이 두드러지므로 겸업의 일반적 단위인 가구뿐만 아니라 행위자도 포함한다.

넷째, 관광관련 활동의 공간이용 양식으로써 관광촌화 프로세스를 밝힌다. 공간이용 양식에 대한 구명은 생산활동의 병행이라는 공간이용 내용이 대상공간과 어떻게 결합하는가에 대한 분석을 통해 이루어진다. 이는 앞서 논의된, 겸업가능 요인에 의한 공간이용 양상에 대한 고찰을 바탕으로 하는 것이다.

논의에서 배제하지 않았다.

〈그림 4〉 연구의 틀

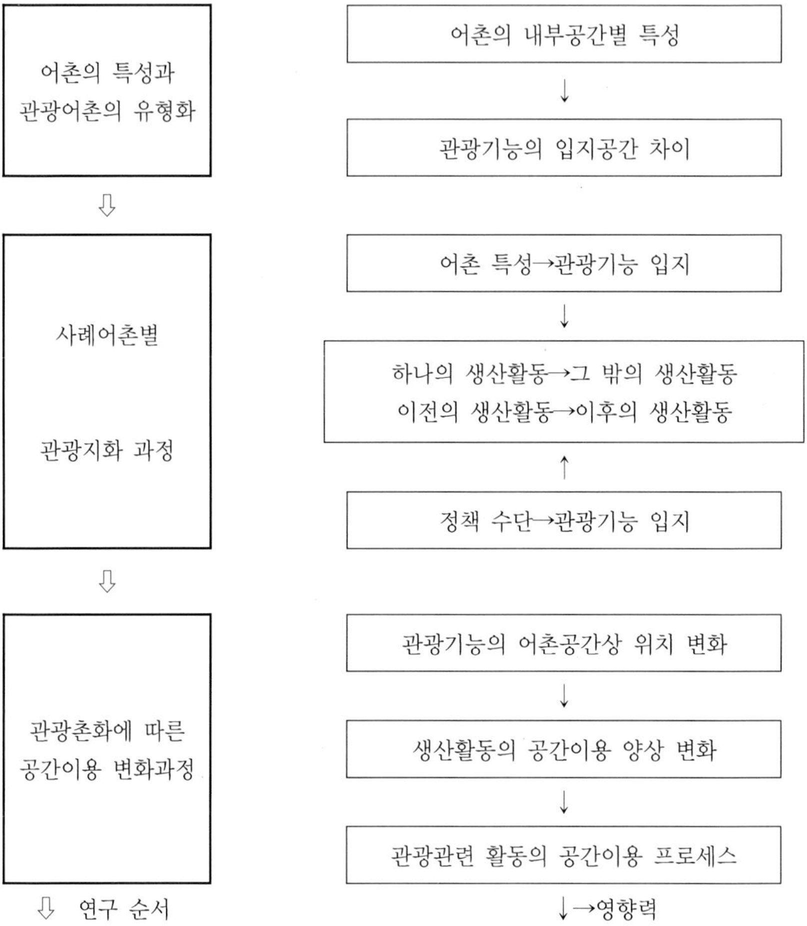
어촌의 특성과
관광어촌의 유형화
어촌의 내부공간별 특성
관광기능의 입지공간 차이
사례어촌별
관광지화 과정
어촌 특성→관광기능 입지
하나의 생산활동→그 밖의 생산활동
이전의 생산활동→이후의 생산활동
정책 수단→관광기능 입지
관광촌화에 따른
공간이용 변화과정
관광기능의 어촌공간상 위치 변화
생산활동의 공간이용 양상 변화
관광관련 활동의 공간이용 프로세스
연구 순서
→영향력

Ⅲ. 제주도 어촌의 특성과 관광어촌의 유형화

1. 제주도 어촌의 특성

1) 제주도 어촌의 공간적 특성

(1) 어촌의 분포

어촌의 공간적 단위를 행정리 또는 법정동으로 하고,[1] 소규모 어항이 존재하는 곳을 어촌으로 본다면,[2] 제주도 어촌 수는 북제주군 49곳, 남제주군 34곳, 제주시 7곳, 서귀포시 7곳 등 모두 97곳이다〈표 Ⅲ-1〉.[3]

---

[1] 어촌 생활공간은 중심어촌과 배후어촌으로 구성되는데, 행정리 또는 법정동 단위의 어촌은 중심어촌은 포함되나 배후어촌이 명확하게 선택되는 것은 아니다. 그러나 배후어촌의 어업종사자 비중은 중심어촌보다 매우 적으므로 이차 자료 분석을 위한 어촌의 단위를 행정리 또는 법정동으로 하는 것은 큰 무리가 아닐 것이다.

[2] 어항을 끼고 있는 소도읍은 어촌으로 보기에는 어려우나 제주도 중심도시인 제주시와 서귀포시의 규모 및 기능과는 많은 차이를 보이므로 어촌에 포함시켰다.

[3] 제주도 촌락 가운데 해안에 인접한 행정리·법정동은 113곳이다. 이 가운데 소규모 어항이 존재하지 않는 곳은 제주시의 내도동 삼양2동, 서귀포시의 서호동 호근동 월평동 하원동 상예동 색달동, 북제주군의 대림리 금등리, 남제주군의 감산리 하모2리 일과1리 영락리 무릉1리 고성리 등 모두 16곳이다(제민일보, "제주의 포구", 1992년 6월~1995년 1월).

<표 Ⅲ-1> 시·군별 전체 공간에 대한 어촌공간의 비중(1997년)(%)

	행정리·법정동 단위 어촌공간 수 / 전체 행정리·법정동 수	행정리·법정동 단위 어촌공간 인구 / 전체 인구
계	97 / 235(41.3)	161,768 / 528,360(30.6)
제주시	7 / 40(17.5)	18,224 / 266,316 (6.8)
서귀포시	7 / 22(31.8)	24,169 / 84,976(28.4)
북제주군	49 / 97(50.5)	68,242 / 98,417(69.3)
남제주군	34 / 76(44.7)	51,133 / 78,651(65.0)

자료: 제주도, 제주통계연보 1997년.

북제주군과 남제구준의 전체 공간에 대한 어촌공간의 비중을 행정리·법정동 수로 보면 두 곳 모두 절반 정도이고, 행정리·법정동 단위 어촌공간 인구는 북제주군과 남제주군이 각각 69%, 65% 정도를 차지한다.

(2) 공간조직

행정리·법정동 단위의 어촌공간 내부의 공간조직은 자연촌락 단위의 중심어촌과 배후어촌의 수적 관계와 배후어촌의 해안인접 정도<표 Ⅲ-2> 등으로써 분석될 수 있다. 중심어촌과 배후어촌의 수적 관계는 중심어촌 이외에 어업활동과 관련 있는 촌락의 정도를 파악하는 것이며, 배후어촌의 해안인접 정도는 배후어촌의 어업활동 정도를 가늠하는 것이다.

첫째, 중심어촌과 배후어촌의 수적 관계이다. 행정리·법정동 단위의 어촌공간 내부에 있어 자연촌락 단위의 중심어촌 1곳당 배후어촌 수의 평균은 1.80(175/97)이다.[4] 어촌공간들은 중심어촌에 배후어촌이 존재하는 경

---

4) 시·군별 중심어촌 1곳당 배후어촌 수(배후어촌 수 / 중심어촌 수)는 제주시 0.57(4/7), 서귀포시 0.86(6/7), 북제주군 2.37(116/49), 남제주군 1.44(49/34) 등으로 북제주군의 비율이 가장 높게 나타남을 알 수 있다(각 시군 통계연보, 1999년).

우와 그렇지 않은 경우로 구분할 수 있는데, 배후어촌이 존재하는 어촌공간은 모두 73곳으로 전체 97곳의 75.3%를 차지한다.

둘째, 배후어촌이 존재하는 경우는 배후어촌이 해안에 인접한 것과 그렇지 않은 것으로 구분할 수 있는데, 해안에 인접한 배후어촌이 존재한다는 것은 그만큼 어업활동의 정도도 높다는 것을 의미한다. 배후어촌이 해안에 인접한 곳은 모두 37곳으로, 이 가운데에는 구좌읍(9곳), 한림읍(6곳), 성산읍(5곳) 등이 54.1%를 차지한다. 한편, 배후어촌이 해안에 인접하지 않는 곳은 36곳으로 인접한 곳의 수와 거의 일치한다.

<표 Ⅲ-2> 제주도 어촌의 해안인접 정도와 접근성

ΣΣ=97			접근성(간선도로 통과 어촌)		
			중심어촌(Σ=19)	배후어촌(Σ=39)	어촌공간 외부(Σ=39)
해안인접 정도 (〜 배후어촌의 위치 〜)	배후어촌이 해안에 인접하지 않는 경우 (Σ=36)	제주시		도두2동	
		서귀포시		하효동 강정동 중문동	하예동 대포동
		북제주군	(한림읍) 귀덕1리 (애월읍) 곽지리 (조천읍) 조천리	(애월읍) 금성리 신엄리 고내리 하귀2리 (구좌읍) 종달리 (조천읍) 신촌리 (한경면) 신창리 판포리 용당리 고산1리	(애월읍) 구엄리 (한경면) 용수리
		남제주군	(대정읍) 동일1리 일과2리 (남원읍) 신흥1리 (표선면) 하천리 세화2리	(대정읍) 하모3리 (남원읍) 태흥1리 태흥2리 하례1리 (성산읍) 시흥리 신풍리 신천리 (안덕면) 화순리	(대정읍) 상모1리 (안덕면) 사계리
	배후어촌이 해안에 인접한 경우 (Σ=37)	제주시			외도2동 이호1동
		북제주군	(한림읍) 수원리 협재리 옹포리 (조천읍) 함덕리	(한림읍) 한림1리 금능리 (애월읍) 애월리 하귀1리 (구좌읍) 동복리 동김녕리 서김녕리 행원리 한동리 평대리 세화리 (조천읍) 북촌리 (한경면) 두모리	(한림읍) 귀덕2리 (구좌읍) 월정리 하도리 (추자면) 신양1리 (우도면) 천진리 조일리 오봉리 서광리

$\Sigma\Sigma=97$			접근성(간선도로 통과 어촌)		
			중심어촌($\Sigma=19$)	배후어촌($\Sigma=39$)	어촌공간 외부($\Sigma=39$)
해안인접정도(배후어촌의위치)	배후어촌이 해안에 인접한 경우 ($\Sigma=37$)	남제주군	(남원읍) 남원1리 (성산읍) 신산리	(남원읍) 위미1리 위미2리 (성산읍) 온평리 (표선면) 표선리	(대정읍) 신도2리 (성산읍) 성산리 오조리 신양리
	배후어촌이 존재하지 않는 경우 ($\Sigma=24$)	제주시			화북1동 삼양1동 삼양3동 도두1동
		서귀포시			보목동 법환동
		북제주군			(한림읍) 한수리 월령리 비양리 (조천읍) 신흥리 (추자면) 대서리 영흥리 묵리 예초리 신양2리
		남제주군	(남원읍) 태흥3리 위미3리 신례2리 (성산읍) 삼달2리 (표선면) 토산2리		(대정읍) 하모1리 가파리 마라리 (안덕면) 대평리

자료: 1:50,000 지형도(국립지리원, 1995년), 제주의 포구(제민일보사, 1992년 6월~1995년 1월).

(3) 접근성

제주도는 화산섬의 영향으로 경제활동이 해안지대, 중산간지대, 산간지대 등 고도에 따라 차이를 보이며, 거주공간은 環狀으로 분포한다. 취락이 분포하는 곳은 대체로 해안지대와 중산간지대이고,[5] 중심도시 가운데 제주시는 해안지대의 북쪽에, 서귀포시는 해안지대의 남쪽에 위치한다. 두 중심도시를 연결하는 간선도로는 해안지대, 중산간지대, 산간지대 등을 통과하고,[6] 해안지대와 중산간지대의 마을 간에는 지선도로로 연결되어 있으므로, 어느 한 지대에 위치하는 마을은 그 지대의 간선도로뿐만 아니라 다른 지대의 간선도로도 이용할 수가 있다. 이와는 달리 반도부의 경우, 중심도시 간 간선도로에 인접한 마을과 떨어진 마을 간의 접근성은 큰 차이를 보인다. 따라서 제주도 마을에 대한 접근성은 반도부보다 매우 양호하다고 할 수 있다. 또한 1990년대에 집중적으로 개설된 이른바 해안도로도 어촌공간에 대한 접근성 증대에 영향을 미치고 있다.

제주도의 행정리·법정동 단위 어촌공간별 접근성 차이에 대한 분석은 간선도로 통과 지점이 중심어촌 거주공간, 배후어촌 거주공간, 어촌 거주공간의 외부 등 셋 가운데 어디에 위치하는가로써 살피고자 한다.[7] 간선도로 통과 지점은 접근성이 양호한 순으로 나타내면, 중심어촌 거주공간, 배후어

---

5) 해안지대와 중산간지대의 취락형태 분포는 차이를 보인다. 해안지대에는 집촌이, 중산간지대에는 산촌이 분포하는데, 그 분포가 구분되는 해발고도는 100m 정도로 파악되고 있다(목지 오홍석박사화갑기념논문집 간행위원회 편, 1995, 248-253).

6) 각 지대별 간선도로는 해안지대의 '일주도로', 중산간지대의 '동·서부 관광도로'와 '남조로', 산간지대의 '5.16도로'와 '1100도로' 등으로 구분된다.

7) 예컨대, 배후어촌 위치라는 해안인접 정도와 간선도로 통과 어촌이라는 접근성 차이는 사례로 선정될 어촌을 대상으로 한다면 다음과 같이 구분할 수 있다. 한편, 그림은 배후어촌의 해안인접 여부와 간선도로의 통과 어촌만을 나타내기 위한 것이다.

(----- 해안선 ——— 간선도로 ——— 지선도로 ○ 중심어촌[*] ●배후어촌^{**})

* 중문동과 대포동은 중심어촌이 아니라 어업관련기능이 위치하는 공간임.

** 배후어촌은 행정리 또는 법정동 안에 포함되는 자연촌락으로 봄.

촌 거주공간, 어촌 거주공간의 외부 등이다. 간선도로 통과 지점이 중심어촌 거주공간인 곳은 19곳, 배후어촌 거주공간은 39곳, 어촌 거주공간의 외부는 39곳 등으로, 어촌 거주공간 내부를 통과하는 곳(58곳)이 전체의 59.8%를 차지한다〈표 Ⅲ-2〉.

2) 어업활동

(1) 어로어업

延繩 어업과 채낚기 어업은 제주도 어로어업의 대표적 漁法에 해당된다.[8]
  첫째, 연승어업은 주로 제주 연안의 옥돔을 대상으로 10톤급 미만의 어선에 의해 연중 이루어진다. 5톤급 미만 연승어선의 조업일수는 1일인 반면, 20톤급 이상의 연승어선은 조업일수가 20일 전후로 주로 동중국해의 갈치를 대상으로 하고 있다. 어선규모별 선원 수는 5톤급 미만에서 1인, 10

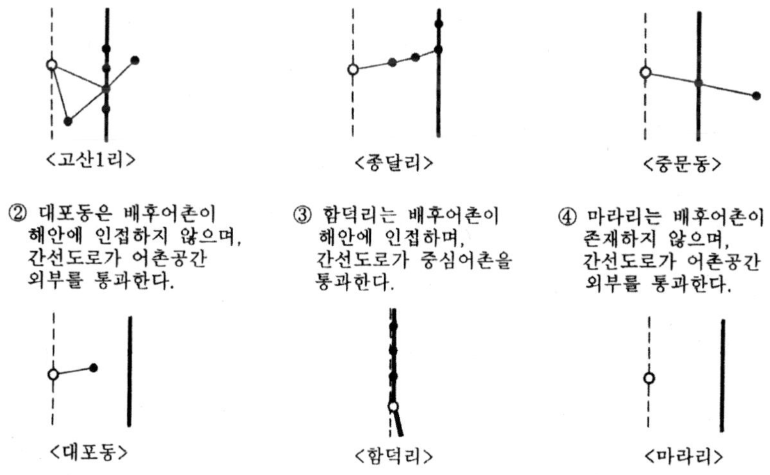

8) 제주도, 1998, 제주도 어업경영 실태 조사 보고서, pp.3-8.

톤급에서 4인, 20톤급 이상의 어선에서 7인 정도 등이다.

둘째, 채낚기 어업은 10톤급 미만의 어선이 갈치와 방어를 대상으로 주로 제주 연근해에서 하루 동안 작업하며, 10톤급 이상의 어선은 오징어와 갈치를 대상으로 제주 연근해와 동중국해를 중심으로 조업하고 있다. 선원 수는 대상 어종에 따라 차이가 있는데, 갈치 채낚기는 10톤급까지가 4인, 10~20톤급에서는 7인, 20톤급 이상에서는 9~11인 등이고, 방어 채낚기는 5톤급 미만이 2인, 10톤급에서 6인 정도 등이며, 오징어는 20톤급에서 5인, 그 이상에서는 9~13인 정도 등이다.

한편, 제주도 어로어업의 대표적 어종인 옥돔과 갈치의 조업시기는 각각 1~4월과 5~12월이다.

(2) 잠수어업

제주도 해안의 바다공간은 현무암이 많아 잠수어업 대상의 다양한 수산물이 서식하고 있는데,[9] 잠수어업의 수산물 종류는 시기에 따라 차이를 보여 왔다. 광복 이후 1960년대 중반 이전의 대표적 수산물은 미역이었으나, 남해안의 미역 양식으로 인해 1970년대 이후의 자연산 제주도 미역은 대부분 자취를 감추게 되었다. 1970년대 이후의 주요 수산물은 일본으로의 수출이 가능해진 소라, 톳, 전복 등이다.

한편, 잠수활동의 시기와 장소는 조수의 영향을 많이 받는다. 제주도 어업 종사자들은 15일을 주기로 하는 조수의 변화를 토착어로 가늠하며, 작업을 하거나 중단한다. 음력 일자별 토착어와 작업의 가능·중단 시기를 나타내면 다음과 같다.

---

9) 李起旭, 1995, 濟州道 農民經濟의 變化에 관한 硏究, 서울大學校 人類學科 博士學位論文, p.25.

<그림 5> 음력 일자별 물때의 토착어와 작업의 가능·중단 시기

1	2	3	4	5	6	7	8	9	10
일곱물	여덟물	아홉물	열물	열한물	막물	아끈조금	한조금	분할	한물
외살(작업 중단)			작업 가능						

▶*

11	12	13	14	15	16	17	18	19	20
두물	세물	네물	다섯물	여섯물	일곱물	여덟물	아홉물	열물	열한물
작업가능	외살 (작업 중단)							작업 가능	

21	22	23	24	25	26	27	28	29	30
막물	야끈조금	한조금	분할	한물	두물	세물	네물	다섯물	여섯물
작업 가능						외살 (작업 중단)			

* 음력 16~30일의 조류변화는 음력 1~15일의 것이 반복되어 나타남.

(3) 양식어업

양식어업은 어로, 잠수 등의 어업과는 달리 자연조건의 영향을 덜 받는 인위적 생산활동으로, 제주도 양식어업은 반도부와는 많은 차이를 보인다. 양식 어종은 대부분 넙치이고, 양식장은 육상[10]에 많이 위치한다〈사진 1〉. 육상 양식이 대부분인 것은 제주도 해안에 내만이 존재하지 않을 뿐만 아니라 바람이 심해 바다가 양식 장소로서 적합하지 않기 때문이다.[11]

1998년 전체 양식장 161곳[12] 중 넙치, 방어, 돔 등의 어류 양식이 148곳으로 대부분(91.9%)을 차지하고 패류인 전복 양식은 10곳(6.2%)에 지나지 않는다. 어류 양식은 대부분 육상수조식으로(88.2%) 넙치를 대상으로 하며, 패류 양식은 모두 수조식으로 전복을 대상으로 한다〈표 Ⅲ-3〉.

---

10) 육상 양식은 해수를 이용함으로써, 그 위치는 바다에 인접하게 된다.

11) 제주도, 2000, 해양수산현황, p.6.

12) 해수를 이용하지 않는 내수면 양식 6곳은 제외하였다.

<표 Ⅲ-3> 양식방법과 수산물별 제주도 양식장 수(해수양식, 1998년)

양식방법	수산물	양식장 수
계		161(100.0)
육상 水槽式	넙치	142(88.2)
가두리식	방어, 돔	4(2.5)
築堤式	넙치	2(1.2)
水槽式	전복	10(6.2)
기타	진주 등	3(1.9)

출처: 제주도, 1999, "통계 정보", 제주도 홈페이지(http://www.jeju.go.kr)

제주도 육상양식 어종의 대부분을 차지하는 넙치 생산량은 2000년 10,572 톤으로 전국 생산량 39,702 톤의 26.6%를 차지하며,[13] 2001년 제주도 넙치 수출은 41,976천 불로 수산물 수출의 70.1%와 전체 수출의 25.2%를 차지한다.[14] 이러한 제주도 양식어업의 활성화는 유리한 자연 조건에서 비롯되었다.[15] 육상양식은 비닐하우스를 이용하는데, 겨울철 기온이 높음으로써 연료비를 절약할 수 있게 된다. 또한 겨울철 수온이 14℃ 내외로 유지되어 7℃ 까지 내려가는 남해안[16]의 어류양식 조건보다 유리하다.

---

13) 제주경제개발연구소, 2002, 제주도 넙치양식의 적정생산 및 경제성.

14) 2001년 제주도 수산물 수출은 59,884천 불로 전체 수출 166,619천 불의 35.9% 를 차지한다. 한편, 공산품과 농산물은 각각 전체 수출의 49.0%(81,611천 불) 와 13.3%(22,110천 불)를 차지한다(제주도, 2002, "통계정보", 제주도 홈페이지(http://www.jeju.go.kr)).

15) 李起旭, 1995, 濟州道 農民經濟의 變化에 관한 研究, 서울大學校 人類學科 博士學位論文, pp.202-203.

16) 겨울철 치어의 생존 가능한 최저기온은 7~9℃이므로, 남해안의 양식업자들은 난류성 어류를 1년 이상 양식하는 데 큰 어려움을 겪고 있다.(李起旭, 앞의 논문, p.203)

〈사진 1〉 해안에 인접하는 양식장의 위치(2002년 5월)

　육상 양식은 1980년대 후반 이후 본격적으로 이루어지기 시작했으며, 1990
년대 전반기에 증가세가 둔화되다, 1990년대 후반기에 다시 증가하였다〈표
Ⅲ-4〉. 그리고 1990년대 말 이후에는 급격한 증가세를 보여, 육상 양식장의
수는 1998년 142곳에서 2001년에는 237곳으로까지 늘어나게 되었다.

〈표 Ⅲ-4〉 제주도의 연도별 육상양식장 신규 사업건수

연 도	신규 사업건수	연 도	신규 사업건수
1984	1	1991	6
1985	4	1992	1
1986	1	1993	3
1987	5	1994	4
1988	14	1995	9
1989	15	1996	18
1990	49	1997	21

출처: 제주도, 1998, 제주도 어업경영 실태 조사 보고서, p.53.

54

제주도의 1999년 육상 양식장은 모두 177곳이다. 많이 분포하는 읍·면
으로는 성산읍 49곳, 남원읍 25곳, 표선면 24곳, 구좌읍 20곳 등이고〈그림
6〉,[17] 동·리 가운데는 남원읍 태흥리(15곳), 성산읍 온평리(14곳), 성산읍
신천리(11곳), 표선면 표선리(11곳), 표선면 세화리(11곳), 성산읍 고성리
(9곳), 대정읍 일과리(8곳) 등에 많이 분포한다.[18] 제주도의 동부와 남부
에서 많이 이루어짐을 알 수 있는데, 이는 동부의 지하해수 개발이 비교적
용이하고, 남부의 기온과 수온이 높다는 점에 기인한다.[19]

이러한 양식어업은 어업자원 고갈의 영향을 완화시킬 수 있는 어업으로
간주되고 있고, 제주도 경제에 미치는 파급효과가 막대하나,[20] 적지 않은
해안오염을 초래함으로써 분쟁을 야기하는 경우도 있다. 또한 육상양식은
수려한 제주도 바다 경관을 가로막는 장애물이 되고 있기도 하다.

---

17) 제주도 육상양식장의 분포를 행정동·법정리 단위로 살펴면 다음과 같다.
제주시는 외도동 1곳이고, 서귀포시는 하효동 6, 보목동 5, 대포동 2 등 13
곳이다.
북제주군은 총 49곳이고, 리별로는 귀덕리5 협재리1 금능리1 수원리1 등
한림읍 8곳, 애월리3 고내리3 곽지리2 하귀리1 등 애월읍 9곳, 평대리4 한
동리4 월정리3 종달리3 하도리1 세화리1 행원리1 동김녕리1 서김녕리1 동
복리1 등 구좌읍 20곳, 북촌리5 신흥리3 등 조천읍 8곳, 금등리1 용수리1
고산리1 등 한경면 3곳, 추자면 신양리 1곳 등이다.
남제주군은 총 114곳이고, 리별로는 일과리8 영락리5 신도리1 등 대정읍
15곳, 태흥리15 위미리5 신흥리3 남원리2 등 남원읍 25곳, 온평리14 신천
리11 고성리9 신풍리5 신산리4 오조리3 성산리2 신양리1 등 성산읍 49곳,
표선리11 세화리11 하천리1 토산리1 등 표선면 24곳, 안덕면 화순리 1곳
등이다(제주도청 내부자료).
18) 한편, 소유주의 거주지가 제주도 밖인 경우는 12곳(6.7%)이며, 이 가운데
는 서울이 대부분을 차지하고 있다(제주도청 내부자료).
19) 李起旭, 앞의 논문, p.204.
20) 넙치양식은 1991~2000년 동안 72,736명의 고용 효과를 유발했다(제주경제
개발연구소, 2002, 제주도 넙치양식의 적정생산 및 경제성).

〈그림 6〉 제주도 육상양식장의 동·리(행정동·법정리)별 분포(1999년)

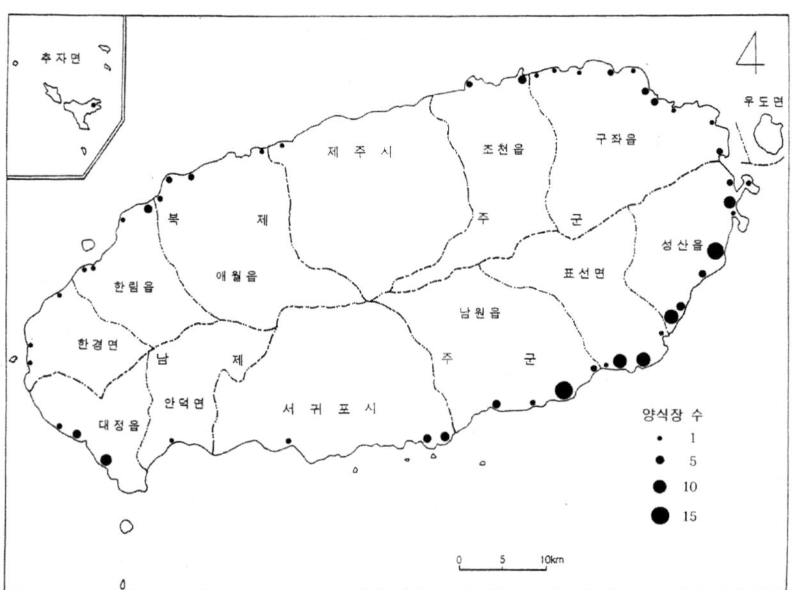

3) 어업종사자와 어촌인구의 변화

(1) 어업종사자 수의 변화

① 어업종사자

첫째, 어업종사자 수의 시간적 변화이다. 1966~1998년 기간의 전국 어업
종사자, 제주 어업종사자, 제주 잠수 등의 감소율은 각각 70.0%, 75.6%,
76.7%로 제주의 어업종사자와 잠수가 전국에 비해 약간 더 감소하였다〈표
Ⅲ-5〉.

제주도 어로어업 종사자는 전국의 경우와는 달리 1970년대 후반에 급격
히 감소하였는데, 이에는 어업기능의 쇠퇴뿐만 아니라 농업활동 흡인요인
인 감귤 재배의 급격한 증가도 어느 정도 영향을 미친 것으로 볼 수 있다.

〈표 Ⅲ-5〉 제주도의 어업종사자 추이

(%)는 앞 시기에 대한 감소율

연 도	전 국	제 주	제주 잠수
1966	575,665	31,672	24,268
1970	367,645(36.1)	23,985(24.3)	14,143(41.7)
1975	322,911(12.2)	20,572(14.2)	8,402(40.6)
1980	323,166(-0.1)	12,216(40.6)	7,804 (7.1)
1985	260,326(19.4)	11,320 (7.3)	7,649 (2.0)
1990	211,753(18.7)	10,837 (4.3)	6,827(10.7)
1995	176,485(16.7)	9,463(12.7)	5,886(13.8)
1998	172,701 (2.1)	7,728(18.3)	5,646 (4.1)

자료: 제주도, 2000, 1999년도 해양수산현황.

제주도 잠수어업 종사자는 1960년대 후반기와 1970년대 전반기에 급격히 감소하였고〈표 Ⅲ-5〉, 연령별 구성비에 있어서는 20대 이하가 1970년대에, 30~40대는 1980년대 이후에 많이 감소하였다〈표 Ⅲ-6〉. 연령별 구성비의 감소 시기가 차이를 보인다는 것은 이에 영향을 미치는 요인이 구분될 수 있음을 시사한다.

잠수어업 종사자의 감소 요인은 잠수활동 이탈요인과 잠수어업을 대체한 생산활동의 흡인요인으로 구분해서 살필 수 있다. 잠수활동 이탈요인으로는 나잠어업에 대한 사회적 경시 풍조이고, 다른 생산활동의 흡인요인은 연령별, 시기별로 차이를 보인다. 잠수활동을 대체한 생산활동의 흡인요인으로는 20대 이하의 잠수 구성비가 감소한 1970년대에는 어촌 외부의 산업화, 30~40대의 잠수 구성비가 많이 감소한 1980년대 이후에는 어촌 내부의 감귤을 비롯한 상업적 농업화 등을 들 수 있다.

〈표 Ⅲ-6〉 제주도 잠수의 연령별 구성비 추이

단위: 명, %

연　도	1970	1980	1990	1998
잠수 수	14,143	7,804	6,827	5,646
～20대	31.3	9.8	4.3	0.2
30대～40대	54.9	60.7	44.2	29.1
50대～	13.8	29.5	51.5	70.7

자료: 북제주군, 2000, 북제주군지 p.219.

〈표 Ⅲ-7〉 제주도 읍·면별 어업가구의 비중(1995년)

		전체가구	어업가구	어업가구/전체가구
북제주군	계	30,091	3,853	12.8
	한림읍	6,628	793	12.0
	애월읍	7,136	347	4.9
	구좌읍	5,586	1,177	21.1
	조천읍	5,686	393	6.9
	한경면	3,443	411	11.9
	추자면	1,007	327	32.5
	우도면	605	405	66.9
남제주군	계	23,179	2,532	10.9
	대정읍	5,985	576	9.6
	남원읍	5,734	563	9.8
	성산읍	4,950	886	17.9
	안덕면	3,284	234	7.1
	표선면	3,226	273	8.5

자료: 해양수산부, 어업총조사 보고 1995.

둘째, 어업종사자 수의 공간적 차이로, 이는 전체 가구에 대한 어업가구 수의 비율로써 살펴보고자 한다〈표 Ⅲ-7〉. 읍·면 가구에 대한 어업가구 수의 비율은 섬인 우도와 추자도는 각각 2/3, 1/3 정도이고, 섬을 제외한 곳 중에서는 북제주군 구좌읍과 남제주군 성산읍이 대략 1/5 정도씩으로 가장 높다. 구좌읍과 성산읍의 어업가구 비중이 높은 것은 어촌의 공간조

직에 있어 배후어촌이 해안에 인접한 경우가 많은 것〈표 Ⅲ-2〉과 맥락을
같이 한다.

② 어촌계원

행정리·법정동별 어촌계원 추이를 통해 제주도 어촌별 어업종사자 수의
변화를 살펴보고자 한다〈표 Ⅲ-8〉.[21]

먼저 시·군 단위의 어촌계원 변화를 살펴보면, 1966~1997년의 기간 동
안 제주도 어촌계원 수는 25.3% 증가하였는데, 서귀포시와 북제주군의 어
촌계원 증가율이 각각 48.1%와 29.1%로 제주도 평균보다 높은 반면, 제주
시와 남제주군은 각각 15.0%와 18.0%로 평균에 미치지 못한다. 그리고
읍·면 단위에서는 남제주군의 대정읍(180.5%)과 안덕면(160.8%), 북제주군
의 우도면(81.1%)과 구좌읍(69.6%) 등이 증가한 반면, 북제주군의 애월읍
(-26.9%), 추자면(-12.3%), 조천읍(-10.6%), 남제주군의 성산읍(-19.7%) 등
은 감소한 것으로 나타났다. 요컨대 시·군과 읍·면 단위의 어촌계원은
대체로 중심도시 특히 제주시로부터 멀어질수록 증가해왔다고 할 수 있다.

---

21) 행정리·법정동 단위의 어업종사자에 대해 파악이 가능한 자료로는 어촌
　　계원을 대상으로 하는 것을 들 수 있다.

<표 Ⅲ-8> 제주도 어촌별 어촌계원 수의 변화

동·리*	어촌계원 수			동·리*	어촌계원 수		
	1966년	1997년	변화율(%)		1966년	1997년	변화율(%)
제주도	11,634	14,588	25.3	구좌읍	1,859	3,154	69.6
제주시	332	382	15.0	종달리	168	322	91.6
삼양1,3동	39	79	102.5	하도리	381	608	59.5
화북1동	56	57	1.7	세화리	108	83	-23.1
도두1,2동	99	96	-3.0	평대리	268	356	32.8
이호1동	96	99	3.1	한동리	156	314	101.2
외도2동	42	51	21.4	행원리	136	323	137.5
서귀포시	513	760	48.1	월정리	93	251	169.8
하효동	24	68	183.3	동김녕리	242	409	69.0
보목동	118	153	29.6	서김녕리	181	310	71.2
법환동	107	143	33.6	동복리	126	178	41.2
강정동	48	166	245.8	조천읍	631	564	-10.6
대포동	88	86	-2.2	북촌리	218	268	22.9
중문동	41	34	-17.0	함덕리	89	81	-8.9
하예동	87	110	26.4	신흥리	124	68	-45.1
북제주군	6,372	8,231	29.1	조천리	85	86	1.1
한림읍	1,274	1,537	20.6	신촌리	115	61	-46.9
한림리	95	160	68.4	한경면	690	967	40.1
옹포리	63	206	226.9	용수리	64	154	140.6
협재리	269	120	-55.3	고산1리	122	175	43.4
금능리	142	293	106.3	판포리	162	122	-24.6
월령리	88	88	0.0	두모리	93	157	68.8
비양리	32	88	175.0	신창리	174	255	46.5
귀덕1리	78	101	29.4	용당리	75	104	38.6
귀덕2리	168	153	-8.9	추자면	658	577	-12.3
수원리	273	167	-38.8	대서리	188	209	11.1
한수리	66	161	143.9	영흥리	109	110	0.9
애월읍	787	575	-26.9	묵리	111	68	-38.7
하귀1리	105	131	24.7	신양1, 2리	177	127	-28.2
하귀2리	143	92	-35.6	예초리	73	63	-13.6
구엄리	91	79	-13.1	우도면	473	857	81.1
신엄리	134	29	-78.3				
고내리	45	70	55.5				
애월리	208	109	-47.5				
곽지리, 금성리	61	65	6.5				

동·리[*]	어촌계원 수			동·리[*]	어촌계원 수		
	1966년	1997년	변화율 (%)		1966년	1997년	변화율 (%)
남제주군	4,417	5,215	18.0	**성산읍**	2,425	1,946	-19.7
대정읍	417	1,170	180.5	성산리	358	366	2.2
상모1, 2, 3리	66	260	293.9	오조리	239	200	-16.3
하모1, 2, 3리	94	446	374.4	시흥리	164	185	12.8
가파리, 마라리	176	209	18.7	고성리, 신양리	589	414	-29.7
동일1, 2리	36	91	152.7	신산리	369	150	-59.3
일과2리	37	59	59.4	삼달2리	234	99	-57.6
신도2리	8	105	1212.5	신풍리	80	85	6.2
남원읍	724	991	36.8	신천리	178	155	-12.9
위미1리	31	117	277.4	온평리	214	292	36.4
위미2,3리	107	192	79.4	**안덕면**	161	420	160.8
신례2리	13	67	415.3	대평리	86	94	9.3
하례1리	95	49	-48.4	화순리	15	108	620.0
태흥1리	40	90	125.0	사계리	60	218	263.3
태흥2리	121	164	35.5	**표선면**	690	688	0.2
태흥3리	90	86	-4.4	표선리	206	377	83.0
신흥1리	121	83	-31.4	하천리	265	104	-60.7
남원1리	106	143	34.9	세화2리	181	143	-20.9
				토산2리	38	64	68.4

* 어촌계가 통합과 분리된 경우는 각각 1997년과 1966년의 어촌계를 기준으로 함(부록 Ⅰ 참조).

행정리 단위의 어촌계원 추이에 대한 분석은 중심도시로부터의 거리의 영향을 보다 구체적으로 살펴볼 수 있도록 한다. 이는 〈표 Ⅲ-9〉와 〈그림 7〉의 郡部 어촌의 어촌계원 추이에 있어 변화율과 평균 간 편차를 통해 파악하고자 한다. 평균과 표준편차[22]를 각각 m과 sd라 하고, 어촌계원의 변

---

22) 어촌계원 수 변화율의 표준편차는 북제주군 69.43, 남제주군 275.45 등이다.

화율이 m+1sd 이상이거나 m-1sd 미만인 어촌을 살필 수 있다.

어촌계원 변화율이 m+1sd 이상인 곳은 한림읍의 옹포리, 금능리, 비양리, 한수리, 구좌읍의 한동리, 행원리, 월정리, 한경면 용수리, 대정읍의 상모1·2·3리, 하모1·2·3리, 신도2리, 남원읍 신례2리, 안덕면 화순리 등인 반면, m-1sd 미만인 곳은 한림읍 협재리, 애월읍의 신엄리, 애월리, 조천읍의 신흥리, 신촌리 등이다. 증가율이 높은 곳은 대체로 제주시 및 서귀포시로부터 멀리 위치한 반면, 감소율이 높은 곳은 제주시와 가까운 편으로, 중심도시로부터의 거리 영향이 지배적임을 알 수 있다.

<표 Ⅲ-9> 郡部 어촌의 어촌계원과 인구의 변화율(리 단위)

어촌계원과 인구의 변화율 (m은 평균, sd는 표준편차)		북제주군	남제주군
어촌계원과 인구	m-1sd 이상 and m+1sd 미만	한림읍 월령 귀덕1 귀덕2 수원 애월읍 구엄 고내 곽지 구좌읍 종달 하도 세화 평대 　　　 동김녕 서김녕 동복 조천읍 북촌 함덕 조천 한경면 고산1 신창 추자면 대서 영흥	대정읍 동일1·2 일과2 남원읍 위미1 하례1 태흥1 　　　 태흥2 신흥1 성산읍 성산 오조 시흥 신산 　　　 고성·신양 신천 온평 표선면 표선 하천 세화2 　　　 토산2
어촌계원	m-1sd미만* or m+1sd 이상	한림읍 +옹포 -협재 +금능 　　　 +비양 +한수 애월읍 -신엄 -애월 구좌읍 +한동 +행원 +월정 조천읍 -신흥	대정읍 +상모1·2·3 　　　 +하모1·2·3 남원읍 +신례2 안덕면 +화순
인구		한림읍 한림1+ 애월읍 하귀1+ 하귀2+ 한경면 판포- 두모- 용당- 추자면 묵- 신양1·2- 예초- 우도면 -	대정읍 가파·마라- 남원읍 위미2·3+ 태흥3+ 　　　 남원1+ 성산읍 삼달2- 신풍- 안덕면 대평- 사계-
어촌계원과 인구		조천읍 -신촌+ 한경면 +용수-	대정읍 +신도2-

* m-1sd 미만과 m+1sd 이상은 각각 -와 +로 구분하였고, 이들 부호의 위치가 왼쪽과 오른쪽인 것은 각각 어촌계원과 인구의 변화율에 해당됨.

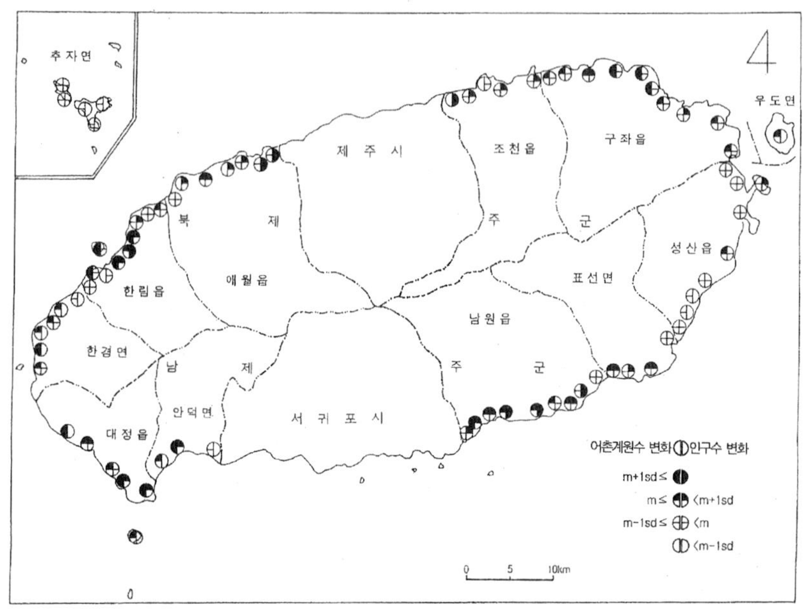

〈그림 7〉郡部 어촌의 어촌계원과 인구수의 추이(1967~1997년)

* 범례에 있어 m은 군별 평균(표 Ⅲ-10)이고, sd는 군별 표준편차임. 표준편차는 어촌계원 수에 있어서는 북제주군 69.43, 남제주군 275.45 등이고, 인구 수에 있어서는 북제주군 29.00, 남제주군 24.11 등임.

(2) 어촌인구의 추이

어촌공간을 구성하는 어업공간과 생활공간의 변화 특성을 각각 어촌계원과 인구의 수로써 살펴보고, 어촌공간과 비어촌공간의 인구 비교로써는 어촌공간의 특성 분석을 보완한다.

① 어촌계원과 어촌인구의 비교

어촌계원과 어촌인구의 추이는 각각 생산공간(어업공간)과 생활공간의 변화와 관련된 지표이다. 어촌의 생산공간과 생활공간의 변화를 초래한 것은 산업화와 관광촌화이며, 산업화는 1960년대 후반 이후 어촌외부에서, 관광촌화는 1980년대 초반 이후 어촌 내부에서 이루어졌다. 따라서 어촌계원과 인구수의 비교 시기를 1967~1997년으로 하는 것은 산업화와 관광촌화의 영향을 모두 살필 수 있게 한다.

북제주군은 남제주군에 비해 어촌계원 수는 더 증가하였으나, 어촌공간 인구수는 더 감소하였다〈표 Ⅲ-10〉. 이는 제주도 농촌지역을 지탱해주었던 감귤재배가 북제주군이 남제주군보다 덜 이루어지는 것에서 비롯된 것으로 보인다.[23] 그리고 제주시와 서귀포시간 비교에 있어서도 북제주군과 남제주군 간 비교와 유사한 양상을 보인다. 서귀포시는 어촌계원 수에서는 제주시보다 3배 정도 증가하였으나, 인구수에서는 제주시보다 1/3 정도의 증가에 그쳤다. 이는 도시규모에 있어 서귀포시가 제주시보다 작은 것에서 연유한다고 할 수 있다.[24]

〈표 Ⅲ-10〉 군별 어촌계원과 어촌인구의 추이

	어촌 계원 수			어촌* 인구수		
	1966년	1997년	변화율	1967년	1997년	변화율
계	11,634	14,588	25.3	165,723	161,768	-2.3
제주시	332	382	15.0	10,243	18,224	77.9
서귀포시	513	760	48.1	18,663	24,169	29.5
북제주군	6,372	8,231	29.1	83,279	68,242	-18.0
남제주군	4,417	5,215	18.0	53,538	51,133	-4.4

* 소규모 어항이 존재하는 행정리 또는 법정동임(부록 Ⅰ 참조).
자료: 제주도, 제주통계연보 1967년, 1997년.
　　水産業協同組合中央會, 1967, 1997, 漁村契現況.

---

23) 두 지역의 감귤재배 면적은 1997년 북제주군은 6,664ha, 남제주군은 10,585ha 등으로 북제주군이 남제주군보다 훨씬 작다.

24) 두 도시의 규모를 인구수로써 살펴보면 1997년 서귀포시는 84,976명, 제주시는 266,316명 등으로 서귀포시가 제주시의 1/3 정도에 해당된다.

　북제주군과 남제주군에 있어 행정리 단위 어촌공간의 어촌계원과 인구수의 변화에 대한 비교는 〈표 Ⅲ-9〉와 〈그림 7〉의 행정리별 어촌계원과 인구의 추이에 있어 변화율의 범위가 m+1sd 이상이거나 m-1sd 미만인 경우만을 대상으로 한다. 어촌계원의 추이에 대해서는 앞에서 분석되었으므로, 여기에서는 어촌인구의 추이를 중심으로 살펴볼 수 있다.

　어촌 인구의 변화율[25]이 m+1sd 이상인 곳은 한림읍 한림1리, 애월읍의 하귀1리, 하귀2리, 조천읍 신촌리, 남원읍의 위미2·3리, 태흥3리, 남원1리 등인 반면, m-1sd 미만인 곳은 한경면의 판포리, 두모리, 용당리, 용수리, 추자면의 묵리, 신양1·2리, 예초리, 우도면, 대정읍의 가파·마라리, 신도2리, 성산읍의 삼달2리, 신풍리, 안덕면의 대평리, 사계리 등이다. 이러한 인구의 변화율 차이는 대체로 소도읍을 제외하면 중심도시로부터의 거리 영향을 받아 가까운 곳은 증가율이 높은 반면, 멀리 떨어진 곳은 감소율이 높다는 것을 의미한다.

　그리고, 어촌계원과 인구의 변화율 범위가 모두 m+1sd 이상이거나 m-1sd 미만인 곳은 조천읍 신촌리, 한경면 용수리, 대정읍 신도2리 등이다. 이 가운데 어촌계원이 많이[26] 감소하고 인구가 많이 증가한 곳은 제주시와 가까운 조천읍 신촌리인 반면, 어촌계원이 많이 증가하고 인구가 많이 감소한 곳은 제주시 및 서귀포시에서 멀리 떨어진 한경면 용수리와 대정읍 신도2리이다.

　요컨대, 제주도 어촌의 어촌계원과 인구수의 추이는 중심도시인 제주시 및 서귀포시로부터의 거리에 따라 차이를 보이고 있음을 알 수 있다. 어촌계원 수는 대체로 중심지로부터 먼 어촌공간일수록 더 증가하는 반면, 인구수는 소도읍이 위치한 곳을 제외하고는 더 감소한다. 이는 산업화가 어촌공간의 쇠퇴에 지배적 영향을 미친 요인이라는 점과 관광촌화의 영향이 미미하다는 점을 시사하는 것이다〈그림 7〉.

---

25) 인구수 변화율의 표준편차는 북제주군 29.00, 남제주군 24.11 등이다.

26) 많다는 것의 기준은 m-1sd 미만 또는 m+1sd 이상일 때로 본 것이다.

② 어촌인구와 비어촌인구의 비교

어촌인구와 비어촌인구의 추이 〈표 Ⅲ-11〉는 각각 어촌공간과 비어촌공간의 변화와 관련된 지표이다. 북제주군과 남제주군의 어촌공간과 비어촌공간의 인구수는 모두 감소하였는데, 북제주군의 어촌공간과 비어촌공간의 인구는 모두 남제주군보다 더 감소하였고, 두 지역의 비어촌공간은 어촌공간보다 약간씩 더 감소하였다. 그리고 어촌공간과 비어촌공간 간 1997년의 인구 비교에 있어, 북제주군과 남제주군의 어촌공간 인구는 비어촌공간에 비해 각각 2.3배, 1.9배 정도씩이다.

북제주군 전체는 어촌공간과 비어촌공간 모두 대체로 1/5 정도 감소하였으나, 조천읍은 약간 증가한 것으로 나타났다. 한림읍, 구좌읍, 한경면 등은 어촌공간과 비어촌공간 모두 감소하였고, 감소율은 한경면, 구좌읍, 한림읍 등의 순서로 낮아진다. 애월읍은 비어촌공간만 1/10 정도 감소하였고, 어촌공간만으로 이루어진 추자면과 우도면은 모두 절반가량 감소하였다.

남제주군 전체로는 어촌공간과 비어촌공간 모두 약간 감소한 편이나, 남원읍과 표선면은 증가하였고, 특히 남원읍은 어촌공간과 비어촌공간 모두 1/5 정도 증가한 것으로 나타났다. 어촌공간과 비어촌공간 모두 감소한 곳은 대정읍, 성산읍, 안덕면 등인데, 대정읍은 비어촌공간이, 성산읍은 어촌공간이 훨씬 많이 감소하였다.

북제주군과 남제주군의 읍·면별 어촌공간과 비어촌공간의 인구변화를 종합해볼 때, 중심도시와 가까운 조천읍과 남원읍에서는 두 공간의 인구가 모두 증가한 반면, 중심도시에서 멀리 떨어진 한림읍, 한경면, 구좌읍, 대정읍, 성산읍 등에서는 모두 감소함으로써, 중심도시로부터의 거리가 지배적 영향을 미친 것으로 볼 수 있다.

<표 Ⅲ-11> 읍·면별 어촌공간과 비어촌공간의 인구변화

〈북제주군〉

		1967년 인구	1997년 인구	변화율(%)
북제주군	어촌공간*	83,279	68,242	-18.0
	비어촌공간	39,585	30,185	-23.7
한림읍	어촌공간	14,223	12,847	-9.7
	비어촌공간	8,614	8,204	-4.8
애월읍	어촌공간	11,381	11,781	3.5
	비어촌공간	14,157	12,295	-13.2
구좌읍	어촌공간	22,129	16,223	-26.6
	비어촌공간	2,384	1,954	-18.0
조천읍	어촌공간	15,710	16,866	7.4
	비어촌공간	2,574	2,845	10.5
한경면	어촌공간	9,707	5,348	-44.9
	비어촌공간	8,256	4,887	-40.8
추자면	어촌공간	6,493	3,314	-49.0
우도면	어촌공간	3,636	1,863	-48.8

〈남제군주〉

		1967년 인구	1997년 인구	변화율(%)
남제주군	어촌공간	53,538	51,133	-4.4
	비어촌공간	30,803	27,518	-10.6
대정읍	어촌공간	13,267	12,869	-3.0
	비어촌공간	8,945	6,584	-26.4
남원읍	어촌공간	12,623	14,794	17.2
	비어촌공간	4,986	6,033	21.0
성산읍	어촌공간	12,916	10,605	-17.9
	비어촌공간	5,915	5,697	-3.7
안덕면	어촌공간	8,415	5,997	-28.7
	비어촌공간	6,646	4,810	-27.6
표선면	어촌공간	6,317	6,868	8.7
	비어촌공간	4,311	4,394	1.9

* 소규모 어항이 존재하는 행정리 단위 공간이 해당됨(부록 Ⅰ 참조).
자료: 제주도, 제주통계연보 1967년, 1997년.

2. 제주도 관광어촌의 유형화

1) 제주도의 관광개발

제주도 관광개발의 시기별 특성은 관광개발과 생태보전의 목표갈등 조정,[27] 개발주체 등으로써 살피고자 한다〈표 Ⅲ-12〉.

---

27) 생태와 관광은 기본적으로 각각 보전과 개발을 의미하여 갈등관계를 이룬다. 개발이 인간 생활을 위협하면서 생태의 가치에 대해 인식하게 되었는데, Ecotourism(생태지향적 관광)의 출현도 이러한 배경을 지니고 있다.

이른바 생태관광이란 개념은 무엇을 관광하는가라는 관광활동의 대상차원인 반면, 생태와 관광의 관계를 갈등에서 동반으로 조화시키는 생태지향적 관광은 관광활동의 원칙차원 개념이라고 할 수 있다. 생태지향적 관광의 개념을 명료화하기 위해서는 생태란 무엇인가와 생태의 무엇을 지향하는가라는 것이 문제가 된다. 관광지의 생태란 넓게는 자연 환경뿐만 아니라 주민의 생산활동과 생활 등을 포함하는 것이며, 생태지향적이란 생태의 認識과 保全을 지향하는 것이라고 할 수 있다. 생태를 인식하기 위해서는 보전 상태가 양호한 관광지를 대상으로 보다 가까이에서 직접적인 체험을 해야 하며, 생태의 보전을 지향하기 위해서는 관광객의 규모가 최소화되어야 한다. 따라서 생태지향적 관광이란 보전이 양호한 관광지의 자연 환경, 주민의 생산활동과 생활 등을 체험하는 최소규모의 관광활동이라고 할 수 있다. 이러한 개념 규정은 관광활동의 대상, 방법, 규모 등의 차원이며, 생태관광, 체험관광, 최소규모 관광 등의 각각은 생태지향적 관광이 성립하기 위한 필요조건이 된다.

이러한 생태지향적 관광은 가치우선의 문제에 대해 탄력적이다. 즉, 지역발전 목표로서 생태보전과 관광개발 간 갈등에 대해 관광개발에 가치를 우선시하거나 이와는 반대로 생태보전을 중시하기도 한다. 이는 동일 관광지역을 대상으로 여러 공간의 생태적 탄력성의 차이에 따라 생태보전과 관광개발 간의 가치가 다르게 적용될 수 있어 수용이 어렵지 않다.

<표 Ⅲ-12> 제주도 관광개발의 시기별 특성

시기	관광개발과 생태보전의 목표갈등 조정	개발주체
1970년대	관광개발 지향적	중앙정부
1980년대	관광개발 지향적	중앙정부, 지방정부, 민간부문
1990년대	관광개발 지향적, 생태보전 지향적	지방정부, 민간부문, 주민조직

1970년대에는 중앙정부의 주도하에 국제적 관광지로 조성하고자 하였다. 이의 대표적인 것은 생태보전보다는 관광개발을 지향하는 대규모 시설 중심의 '중문관광단지'이다. 이는 1970년대의 국가 경제개발의 방향에 부합하는 것으로, 제주도에서는 반도부보다 비교우위에 있는 관광 개발을 추진하게 된 것이다.[28]

1980년대에는 중문관광단지의 개발이 본격적으로 이루어지기 시작하였다. 이의 개발은 1990년대 이후에도 지속되고 있으나, 이는 1980년대 개발 방향의 연장이라고 할 수 있다. 개발의 주체로는 중앙정부뿐만 아니라 지방정부와 민간부문도 참여하였으나, 이 둘의 참여는 활성화되지 않았다.

1990년대에는 관광단지와 관광지를 지정하여 개발하는 방식이 본격화되었다. 그러나 이러한 방식은 시설 중심의 관광개발로 나타났고, 관광단지나 관광지로 지정된 곳의 사업자 참여가 활발하지 않은 것[29]은 개발지향적인 관광정책의 방향이 어느 정도 한계에 이르렀음을 의미한다고 할 수 있다. 이와 더불어 관광단지나 관광지로 지정되지 않더라도 관광자원이 분포한 곳에서는 개발이 이루어지고, 곳에 따라서는 주민조직이 참여하게 되었다.

이러한 제주도 관광개발의 성격은 관광객 수의 변화를 초래하고 있는데,

---

28) 이상철, 1998, "제주도 개발정책과 도민 태도의 변화", 제주사회론 2, 한울아카데미, pp.102-104.

29) 관광단지 3곳과 관광지구 20곳은 지정된 지 최소 5년 이상씩 경과하였으나, 2002년 현재 사업자가 지정되지 않은 곳은 8곳이고, 개발이 착공되지 않은 곳은 15곳에 이른다.

제주도가 관광 목적지로서 선정되는 경우를 〈표 Ⅲ-13〉의 관광형태별 제주
도 관광객 수의 추이를 통해 살펴보고자 한다. 전체 관광객 수에 있어
1980년대에는 5년마다 1/2 정도 이상씩 증가하였으나, 1990년대에는 전반
기에 1/3 정도 증가하였다가 후반기에는 정체되기에 이르렀다.

〈표 Ⅲ-13〉 관광형태별 제주도 관광객 수의 추이

%

연 도	계	내국인					외국인
		소 계	일반단체	수학여행	신혼부부	개인·기타	
1980	669,369	648,821					20,548
	(100.0)	(96.9)					(3.1)
1985	1,322,702	1,249,026	335,153	59,872	138,646	715,355	73,676
	(100.0)	(94.4)	(25.3)	(4.5)	(10.5)	(54.1)	(5.6)
1990	2,992,096	2,757,023	577,766	205,425	474,934	1,498,898	235,073
	(100.0)	(92.1)	(19.3)	(6.9)	(15.8)	(50.1)	(7.9)
1995*	3,996,500	3,755,000	771,900	352,000	381,700	2,249,400	241,500
	(100.0)	(94.0)	(19.3)	(8.8)	(9.6)	(56.3)	(6.0)
2000**	4,110,934	3,822,509	627,033	311,795	240,272	2,643,409	288,425
	(100.0)	(93.0)	(15.3)	(7.6)	(5.8)	(64.3)	(7.0)

* 조선일보 1996년 1월 3일자
** 제주도, 2001, "자료실", 제주도청 홈페이지(http://www.jeju.go.kr).
출처: 金泰保 외 2인, 1996, 濟州道 beach 觀光의 活性化 方案 研究, 濟州商工會議所,
     p.33.

관광객 수의 변화에 있어 더욱 중요한 것은 어떠한 관광객이 증가하고
감소하는가라는 문제이다. 관광객 수의 증가에 가장 많은 영향을 미치고
있는 것은 개인·기타 형태의 관광활동인 반면, 신혼여행 형태의 관광활동
은 1990년대 이후 급격히 감소하고 있다〈표 Ⅲ-13〉. 신혼여행 형태의 감소
는 제주도 관광의 문제점을 말해주는 것으로, 국내관광 또는 해외관광을
결정함에 있어 비용뿐만 아니라 자원의 매력도도 영향을 미치게 되었다는
것을 의미한다. 제주도 관광이 국내 관광객들로부터 1980년대 개발지향의

대중관광 시기에는 관광비용이라는 가격 경쟁력을 확보할 수 있었지만, 1990년대에는 가격 경쟁력이 약화되었을 뿐만 아니라 보전지향의 생태관광이 중시됨에 따라 관광매력도라는 품질 경쟁력도 상실하고 있는 것이다.

제주도 관광개발이 관광객 수와 관광자원 매력도의 정체 내지 감소를 초래하고 있는 것은 결국 그 개발이 문제를 노정했기 때문으로, 제주도 관광개발을 통해 드러난 문제에 대해 공간적 차원에서 살피고자 한다.

첫째, 보전할 가치가 높은 곳들을 중심으로 개발 중심의 관광지 조성이 많이 이루어졌는데, 이는 생태지향적 관광의 시기에는 적지 않은 문제로 나타난다. 왜냐하면 생태지향적 관광자원의 매력도는 자원의 보전가치에 의해 지배적 영향을 받기 때문이다.

둘째, 산업 부문 간 공간적 배치에 대한 관심이 소홀했다. 개발지향적인 2차 산업의 입지는 생태적인 1차 산업과 3차 산업의 입지와는 공간적으로 분리되는 것이 바람직하다. 관광에 있어 1차 산업과 3차 산업 연계의 기본적 요건은 청정한 자연이나, 2차 산업은 이러한 요건에 대해서는 부정적 영향을 미치기 때문이다.[30] 예컨대 어업에 있어 2차 산업적 성격을 지닌 양식어업의 무분별한 확대는 수려한 해안경관 감상의 장애물이 될 뿐만 아니라 어장오염으로 어업활동의 관광화까지 제약할 수도 있는 것이다.

셋째, 해양공간은 관광정책의 대상으로서 육지공간에 비해 소외되었고,[31] 육지공간의 난개발로부터 영향을 받고 있다. 해양공간에 대한 관심소홀에 따라 어업활동의 관광화는 단지 낚시어선 중심으로 이루어질 뿐, 희귀자원인 잠수활동과 관련된 관광활동은 활성화 되지 못하고 있다. 그리고 육지공간의 무분별한 개발은 해양공간의 오염과 수산물의 급격한 감소를 초래함으로써 해양공간의 관광자원화에 적지 않은 제약을 주고 있다.

넷째, 관광지 기능은 특화될수록 보다 더 넓은 수요공간을 확보할 수 있

---

30) 2차 산업활동에 불리한 제주도의 조건이 1차 산업과 연계된 3차 산업 발전에는 오히려 긍정적 영향을 미친다고 볼 수 있다.

31) 전경수, 한상복, 1999, 제주 농어촌의 지역개발, 서울대학교 출판부, p.219-220.

음에도 불구하고, 마을 단위의 관광기능은 획일적 경향을 보이고 있어 제
주도 전체로서는 다양한 관광집단을 받아들일 수 없게 되었다.

다섯째, 관광개발에 있어 목표와 전략의 불일치이다. 1990년대의 관광개
발 목표는 생태보전 지향인 반면, 개발 전략은 1980년대 이후의 관광개발
지향에 해당되는 관광지, 관광단지 등의 조성이라는 틀에서 벗어나지 못하
였다.

2) 제주도 어촌의 관광기능 분포

어촌 및 해안 관광활동은 주로 여름철에 많이 이루어지므로, 제주도 관광
객 수의 계절별 분포를 살피는 것은 제주도 관광객 가운데 어느 정도가 어
촌과 관련되는지를 가늠할 수 있도록 한다. 제주도 관광객의 관광활동은
4~5월의 봄철과 7~8월의 여름철에 많이 이루어진다〈표 Ⅲ-14〉. 이는 관광
단위에 있어 봄철에는 단체 관광, 여름철에는 개별 관광의 비중이 높은 것에
서 연유한다. 개별 관광객 수의 비중이 여름철에 높은 것은 제주도의 어촌
및 해안 관광의 매력도가 그만큼 높다는 것을 의미한다고 할 수 있다.

〈표 Ⅲ-14〉 월별 제주도 관광객 수(2000년)

단위: 천명, (%)

단위	계	1월	2월	3월	4월	5월	6월	7월	8월	9월	10월	11월	12월
계	4111	312	256	308	**390**	**421**	316	**376**	**458**	263	351	329	332
	(100.0)	(7.6)	(6.2)	(7.5)	**(9.5)**	**(10.2)**	(7.7)	**(9.1)**	**(11.1)**	(6.4)	(8.5)	(8.0)	(8.1)
단체	939	71	37	90	**126**	**165**	91	53	54	54	74	61	61
	(100.0)	(7.6)	(3.9)	(9.6)	**(13.4)**	**(17.6)**	(9.7)	(5.6)	(5.8)	(5.8)	(7.9)	(6.5)	(6.5)
개별*	3172	241	219	218	264	256	225	**322**	**403**	209	277	268	271
	(100.0)	(7.6)	(6.9)	(6.9)	(8.3)	(8.1)	(7.1)	**(10.2)**	**(12.7)**	(6.6)	(8.7)	(8.4)	(8.5)

출처: 제주도, 2001, 제주통계연보.
* 기타도 포함됨

이렇게 선호되는 제주도 해안 및 어촌 관광의 활동내용에 대한 분석은 어촌 관광기능의 분포에 대한 이해를 보다 용이하게 할 수 있다. 〈표 Ⅲ-15〉의 제주도 해안의 관광관련 활동들을 체험활동과 감상활동으로 구분하면, 체험활동은 해수욕, 해상스포츠, 낚시, 어촌방문, 수산물 채취·채포, 해수욕장 야영, 실내·외 스포츠 등이고, 감상활동은 도서관광, 해저관광, 바다경관 감상 등이라고 할 수 있다. 체험활동 참여자는 579명(81.0%)으로 감상활동 136명(19.0%)의 4배를 넘는데, 체험활동 참여자 가운데는 해수욕과 해수욕장 야영이 386명으로 2/3를 차지한다. 그리고 해안의 관광관련 활동 가운데 어촌과 직접적으로 관련된 관광활동인 낚시, 어촌방문, 수산물 채취·채포 등은 134명(18.7%)이다. 요컨대, 해안의 관광활동에는 체험활동이 많지만 이 가운데 어촌과 직접적으로 관련된 것은 약 1/4 정도(134/579=23.1%)에 불과하다.

〈표 Ⅲ-15〉 제주도 해안의 관광활동[32]

관광활동	참여자 수 (%)
계	715(100.0)
해수욕	277 (38.7)
해양 스포츠 *	26 (3.6)
낚시	43 (6.0)
어촌 방문	64 (9.0)
수산물 채취·채포	27 (3.8)
도서 관광	49 (6.9)
해저 관광	13 (1.8)
해수욕장 야영	109 (15.2)
실내·외 스포츠 **	33 (4.6)
바다경관 감상	74 (10.3)

출처: 金泰保 외 2인, 1996, 濟州道 beach 觀光의 活性化 方案 硏究, 濟州商工會議所, p.87.
* 요트, 수상스키, 윈드서핑, 카누, 모터보트, 스쿠버다이빙 등
** 볼링, 탁구, 테니스, 궁도, 사이클링 등

이러한 어촌 및 해안의 관광활동은 이를 충족시키기 위한 관광기능의 입지를 가져온다. 제주도 어촌의 관광기능으로는 낚시어선, 수산물 채취·채포 어장, 수산물 조리점(횟집), 민박 등이 있는데, 이들의 분포는 2차 자료로써 살펴본다. 해당 어촌 수가 많지 않은 경우는 대표적 어촌을 대상으로 관광어촌의 특성을 보다 구체적으로 파악하고자 한다.

(1) 낚시어선

제주도의 낚시어선은 2001년 현재 157척으로 1995년의 161척[33] 정도가 거의 그대로 유지되고 있는데, 낚시어선에 의해 바다낚시가 많이 이루어지는 어촌을 취미형과 체험형 낚시 어촌으로 나누어 살피고자 한다〈표 Ⅲ-16〉.

특수 어종이 관광 매력도를 높이는 취미형 낚시는 대체로 도서어촌, 소도읍 어항이나 낚시터를 끼고 있는 어촌 등에서 많이 이루어지는데, 도서어촌[34]으로는 추자도와 우도, 소도읍 어항 어촌으로는 한림리, 낚시터 어촌으로는 고산리, 사계리, 북촌리 등을 들 수 있다. 반면에 어종과는 대개 무관한 체험형 낚시는 함덕리, 이호동 등의 해수욕장 인접어촌에서 많이 나타난다. 한편, 사례어촌[35]인 북제주군 한경면 고산1리는 특수 어종을 위한 취미형 낚시뿐만 아니라, 체험형 낚시가 동시에 이루어지는 대표적인 곳이다.

---

32) 조사는 1995년 7월 30일~8월 15일에 걸쳐 이루어졌으며 응답자는 모두 346명이다.

33) 〈표 Ⅲ-16〉에 있어 1995년의 제주도 낚시어선 수인 142척이 제주시 등을 제외한 수치이므로, 1995년의 제주시 낚시어선 수를 2001년의 19척과 동일하다고 하면 1995년의 제주도 낚시어선은 총 161척으로 볼 수 있다.

34) 우도에 인접한 성산리의 바다낚시도 우도 지경에서 이루어지므로 도서어촌과 밀접히 관련되어 있다.

35) 사례어촌의 선정에 대한 논의는 뒤에서 이루어진다.

〈표 Ⅲ-16〉 제주도 어촌계별 낚시어선의 분포 변화[36]

소재지	어촌계	낚시어선 수		소재지	어촌계	낚시어선 수	
		1995*년	2001년			1995*년	2001년
제주도	계	142**	157				
북제주군	계	98	86	남제주군	계	41	45
한림읍	옹포리		1	안덕면	사계리	19	14
	한림리		6		화순리		2
	협재리		4	성산읍	오조리	6	
	금능리		1		성산리	13	10
	수원리		1		시흥리		3
한경면	고산리	21	25		온평리		4
	용수리		3		신양리		3
추자면		12	17	대정읍	하모리	3	4
조천읍	조천리		1		가파리		2
	함덕리	15	11	남원읍	위미리		1
	북촌리		6	표선면	표선리		2
우도면		15	3				
애월읍	애월리	11	1	제주시***	계		15
	고내리		1		화북동	–	1
	구엄리		1		이호동	–	13
	곽지리		2		삼양동	–	1
구좌읍	종달리	24					
	김녕리		2	서귀포시	계		11
					중문동	3	4
					대포동		3
					법환동	–	4

* 남제주군의 기준연도는 1996년임. ** –은 제외되었음. *** 1999년 기준임.
자료: 북제주군, 남제주군: 내부자료
　　제주시: 제주도, 1999, "관광 정보", 제주도 홈페이지(http://www.jeju.go.kr)
　　서귀포시: 주민 면담

---

36) 1995~2001년 낚시어선 수의 추이에 있어 제주도 전체로는 거의 변화가 없
는 반면, 우도면, 애월리, 종달리 등에서는 급격한 감소를 보이고 있다. 이러
한 감소는 낚시어선 등록을 위한 보험가입 어선 수의 급격한 감소에서 비롯
된 것으로, 낚시객의 급격한 감소를 의미하는 것으로는 볼 수 없다.

(2) 수산물 채취·채포 어장

어업활동 체험은 1990년대 이후에 이루어지고 있는 관광활동으로, 그 대상에 따라 어로활동 체험과 채취·채포 활동 체험으로 나눌 수 있다. 어로활동의 대표적 체험활동인 바다낚시는 취미형 낚시와는 구분된다. 취미형 낚시는 대중관광 시기인 1980년대에 이미 본격화된 반면, 체험형 낚시는 1990년대 이후에 이루어진 것이다.

바다에서 어업활동 체험이 이루어지는 어촌의 해안에는 흔히 수산물조리점이 분포하는데, 이러한 어촌의 바다와 해안의 관광활동에 대한 인지도는 체험대상인 어업활동의 종류에 따라 차이를 보인다. 채취·채포 활동이 이루어지는 어촌에 있어 바다의 관광활동에 대한 인지도는 해안보다도 높은 반면, 낚시활동이 분포하는 어촌에서는 그렇지 않은 경우가 흔하다.

제주도에서 수산물 채취·채포 활동을 관광자원화함으로써 이른바 체험어장으로 알려진 곳은 구좌읍 동복리와 구좌읍 종달리이다. 두 곳은 채취·채포 대상 수산물 종류에 있어 차이를 보이며, 이와 연계된 관광관련 활동도 차이를 보인다. 맛조개를 비롯한 조개류의 채포가 주로 여름철에 이루어지는 구좌읍 종달리의 수산물 조리점은 여름에 한시적으로 운영되는 반면, 소라와 고둥의 채취가 일시적이지 않은[37] 구좌읍 동복리의 수산물 조리점은 상시적이다. 구좌읍 종달리에 대해서는 사례어촌별 관광지화 과정에서 다루어지므로, 여기에서는 구좌읍 동복리에 대해 살펴보고자 한다.[38]

동복리 잠수들은 1990년대 초에 이미 채포한 수산물을 개별적으로 바닷가에서 판매하였으며,[39] 1995년에 바릇잡이[40]가 체험활동의 대상으로 공

---

37) 고둥은 연중 채취가 가능한 반면, 소라는 채취금지 기간이 6~9월로 정해져 있다.

38) 동복리의 잠수어업 종사자들과 면담한 내용이다.

39) 잠수들의 하루 소득은 일인당 7~8만 원에 달하는 경우도 있었다.

40) 바릇잡이란 조수간만의 차로 수위가 낮아진 바다에 들어가 바위틈에 서식하는 소라, 고둥 등을 채취하는 것을 의미하는 제주도 토속어이다(인터넷

식화하고 잠수들이 공동으로 참여하는 수산물 조리점이 입지하게 된 것은 동복리 앞바다의 잠수어업 공간의 매립에 대한 보상 차원에서였다.

주민의 관광관련 활동은 신혼여행객들이 제주도 관광을 마치면서 제주시에서 멀리 떨어지지 않은 이곳의 수산물 조리점에 들르는 경우가 적지 않아 상시적으로 이루어지게 되었다. 45명의 잠수들은 다섯 조로 나누어서 수산물 조리점에 참여하고 있는데, 잠수활동은 수산물조리점 활동뿐만 아니라, 콩, 마늘, 양파 등의 농업활동과도 보완관계를 이룬다.

한편, 관광자원인 수산물 감소에 따라 잠수들은 채포활동이 지속적으로 이루어질 수 있도록 하기 위해 수심이 보다 깊은 바다에서 수산물을 채포하여 바닷가에 뿌려주고 있다.

(3) 횟 집

1995~2000년의 횟집 분포의 추이에 있어 제주시와 서귀포시는 주변 가운데 농촌이 급격히 증가하였고, 횟집 대부분이 어촌에 위치한 북제주군과 남제주군은 각각 2배, 1/4 정도씩 증가하였다. 따라서 1990년대 후반은 횟집의 분포가 광범위해졌다고 할 수 있다〈표 Ⅲ-17〉.

횟집이 많이 분포하는 어촌으로는 제주시의 도두1동, 외도2동, 이호1동, 관광지에 인접한 서귀포시 대포동, 남제주군 성산리, 낚시터 어촌인 북제주군 고산리, 남제주군 사계리, 소도읍 어항 어촌인 북제주군 애월리, 남제주군의 하모리, 화순리 등을 들 수 있다.

이러한 횟집은 해안의 대표적 관광기능으로, 해당 어촌의 수산물이 이용되는가에 따라 해당지역 수산자원과의 관련성을 가늠할 수 있다.

한겨레, 1997년 6월 18일자).

〈표 Ⅲ-17〉 횟집의 분포 변화

〈제주도〉

년도	계	제주시			서귀포시			북제주군		남제주군	
		중심*	어촌	농촌	중심*	어촌	농촌	어촌	농촌	어촌	농촌
1995년	274	147	18	5	23	10	2	29	0	36	4
2000년	422	203	23	17	37	19	17	55	1	46	4

* 제주시는 일도동, 이도동, 삼도동, 용담동, 건입동, 연동 등으로, 서귀포시는 송산동, 정방동, 중앙동, 천지동 등으로 봄.

〈어촌〉

소재지	어촌*	횟집수		소재지	어촌*	횟집수	
		1995년	2000년			1995년	2000년
제주도	계	93	143				
제주시	계	18	23	남제주군	계	36	46
	삼양1동		1	대정읍	마라리		1
	도두1동	6	6		하모리	3	5
	도두2동		1		상모리	2	1
	외도2동	3	6	남원읍	남원리	3	2
	이호1동	4	5		태흥리	2	1
	화북1동	5	4		위미리	2	2
					신례리	4	2
서귀포시	계	10	19		신흥리	2	1
	중문동	2	2	성산읍	성산리	7	9
	하예동	3	3		오조리	1	3
	대포동	2	5		신양리		2
	강정동	3	3	안덕면	화순리	5	6
	보목동		1		사계리	2	5
	하효동		1		대평리	1	2
	법환동		4	표선면	표선리	2	4

소재지	어촌*	횟집수		소재지	어촌*	횟집수	
		1995년	2000년			1995년	2000년
북제주군	계	29	55				
조천읍	함덕리	2	3	구좌읍	동김녕리	1	3
	북촌리	2	3		서김녕리	3	
	조천리	1	1		하도리		2
	신흥리		1		월정리		3
애월읍	곽지리	1	2		세화리	1	2
	애월리	2	6		종달리		2
	하귀리	3	3		동복리		3
	고내리		1		한동리		1
	구엄리		1	한경면	고산리	5	3
한림읍	협재리	1	2		판포리	1	1
	금능리		1		신창리	1	
	비양리		1	추자면	영흥리	1	
	귀덕리		5	우도면	천진리	1	2
	수원리		1				
	한림리	2	1				
	옹포리		1				
	한수리	1					

* 어촌의 공간적 단위는 법정동과 법정리임.
자료: 한국통신, 1995, 2000, 전화번호부

(4) 민 박

  민박이 위치하는 어촌은 대체로 해수욕장 인접 어촌과 도서어촌으로 구
분할 수 있다.[41] 그러나 두 어촌에 있어 민박 기능은 차이를 보이는데, 해
수욕장 인접 어촌은 임시적인 반면, 도서어촌은 상시적 경향을 보인다.

---

41) 북제주군의 경우 민박 211곳(1995년)의 위치는 해수욕장 주변 123곳, 도서
   54곳, 낚시터 13곳, 목장 18곳, 기타 3곳 등으로, 해수욕장 인접 어촌과 도
   서어촌은 북제주군 민박의 83.9%, 북제주군 어촌민박의 93.2%에 이른다
   (북제주군 내부자료).

① 해수욕장 인접 어촌

먼저, 제주도 해수욕장과 그 규모를 해수욕장 이용객 수로 살펴보면 시기별, 장소별로 현저한 차이를 보인다〈표 Ⅲ-18〉. 첫째, 시기별로는 1980~1990년에 증가하다, 1990~1999년에는 감소하였다. 둘째, 장소별로는 1980~1999년 기간 동안 함덕해수욕장에서는 감소가, 중문해수욕장에서는 증가가 두드러졌다. 제주도 전체 해수욕장에 대한 이용객 가운데서 함덕해수욕장은 1980년 2/5를 넘던 것(42.0%)이 1999년에는 1/10 정도(12.2%)로 감소한 반면, 중문해수욕장은 1985년 1/10에도 못 미치던 것(9.2%)이 1999년에는 1/4 정도(24.7%)까지 이르게 되었다.

〈표 Ⅲ-18〉 해수욕장별 이용객 추이

해수욕장	1980년	1985년	1990년	1995년	1999년
계	116,603(100.0)	264,128(100.0)	519,159(100.0)	342,000(100.0)	277,864(100.0)
삼양	5,050(4.3)				
이호	8,540(7.3)	28,680(10.9)	53,710(10.3)	47,000(13.7)	33,850(12.2)
곽지	7,848(6.7)	15,722 (6.0)	36,840(7.1)	13,000(3.8)	11,135(4.0)
협재	9,280(8.0)	51,520(19.5)	105,140(20.3)	58,000(17.0)	52,005(18.7)
함덕	48,865(42.0)	90,795(34.4)	180,380(34.7)	73,000(21.3)	33,890(12.2)
김녕		5,121(1.9)	10,580(2.0)	21,000(6.1)	18,815(6.8)
화순	32,220(27.6)	36,120(13.7)	61,390(11.8)	27,000(7.9)	23,756(8.5)
중문		24,205(9.2)	44,440(8.6)	59,000(17.3)	68,716(24.7)
표선	1,740(1.5)	3,120(1.2)	12,950(2.5)	22,000(6.4)	23,501(8.5)
신양	1,670(1.4)	8,845(3.3)	9,637(1.9)	19,000(5.6)	8,120(2.9)
하모	1,390(1.2)		4,092(0.8)	3,000(0.9)	4,056(1.5)

자료: 제주도 통계연보

다음으로, 해수욕장 인접 어촌은 어촌의 일반적 관광기능인 민박, 낚시어선, 횟집 등 모든 종류가 분포한다〈표 Ⅲ-19〉. 민박이 가장 많이 분포하는 곳은 함덕리와 협재리로 각각 135가구와 76가구인데, 이는 해수욕객이 많은 것에서 비롯된 것이다. 중문동은 해수욕객이 많음에도 불구하고 호텔이 밀집된 중문관광단지와 인접해 있어 민박가구가 매우 많은 편에 해당되지는 않는다. 낚시어선은 제주시의 이호1동과 제주시에 인접한 함덕리에 많이 분포하는데, 각각 13척과 11척이다. 횟집은 제주시의 이호1동과 소도읍 어항이 위치하는 하모리와 화순리에 5~6곳으로 많이 분포하며, 여타의 해수욕장 인접 어촌에도 모두 2곳 이상씩 분포한다.

〈표 Ⅲ-19〉 해수욕장[42] 인접 어촌별 관광기능 분포

해수욕장 인접 어촌			민박 (1999년)	낚시어선 (2001년)	횟집 (2000년)
제주시		이호1동	12	13	5
서귀포시		중문동	30	4	2
북제주군	애월읍	곽지리	25	2	2
	한림읍	협재리	76	4	2
	조천읍	함덕리	135	11	3
	구좌읍	동김녕리	15	2	3
남제주군	안덕면	화순리	24	2	6
	표선면	표선리	7	2	4
	성산읍	신양리	24	3	2
	대정읍	하모리	2	4	5

자료: 민박: 제주도, 1999, "관광정보", 제주도 홈페이지(http://www.jeju.go.kr).
　　　낚시어선: 제주시는 제주도 홈페이지(http://www.jeju.go.kr), 서귀포시는 주민 면담, 북제주군과 남제주군은 내부자료.
　　　횟집: 한국통신, 2000, 전화번호부.

② 도서어촌

도서어촌이 위치하는 섬은 북제주군의 비양도, 추자도, 우도 등과 남제주군의 가파도, 마라도 등 모두 5곳이고, 행정리 단위의 도서어촌은 모두 12

---

42) 시·군에 의해 지정된 해수욕장만을 대상으로 하였다.

곳이다. 도서어촌의 대표적 관광기능은 민박과 낚시어선이고〈표 Ⅲ-20〉, 이들의 입지는 각각 섬으로의 접근수단 한계와 섬이라는 자연조건으로부터 비롯된 것이다. 민박은 모든 곳에 분포하는데, 우도의 서광리, 오봉리 등과 추자도의 대서리, 신양리, 예초리 등은 모두 10곳 이상이고, 특히 우도의 민박은 1995년 이후 급격히 증가해 서광리와 오봉리는 모두 24곳씩이다. 낚시어선은 추자도의 대서리와 신양리에 많이 분포하고, 낚시어선이 분포하지 않는 곳은 섬과 인접한 어촌의 낚시어선이 이용되는 경우로 볼 수 있다. 한편, 민박, 낚시어선 등과는 달리 횟집은 마라리, 천진리, 비양리 등에만 분포한다.

〈표 Ⅲ-20〉 도서어촌별 관광기능 분포

도서어촌			민박		낚시 어선	횟집
			(1995년)	(1999년)	(2001년)	(2000년)
북제주군	한림읍	비양리	4	5		1
	추자면	대서리	13	15	5	
		신양리	9	13	9	
		예초리	9	11	1	
		묵리	2	9	2	
		영흥리	2	3		
	우도면	서광리	10	24		
		오봉리	2	24	2	
		조일리		9	1	
		천진리	3	6		2
남제주군	대정읍	가파리	1	1	2	
		마라리	5	7		1*

* 전문 횟집은 아니나 횟집과 다른 생산활동의 병행이 이루어지는 곳은 2000년 현재 6곳임.
자료: 민박(1999년): 제주도, 1999, "관광정보", 제주도 홈페이지
　　　(http://www.jeju.go.kr)
　　　민박(1995년): 북제주군은 내부자료, 남제주군은 주민면담
　　　낚시어선: 북제주군과 남제주군의 내부자료
　　　횟집: 한국통신, 2000, 전화번호부.

다섯 곳의 섬 가운데 추자도는 거리와 속성에 있어 모두 제주도보다는 전라도에 보다 가까우며, 우도와 마라도의 관광촌화는 비양도와 가파도보다는 훨씬 많이 이루어졌다고 할 수 있다. 따라서 제주도 도서어촌의 관광지화 과정을 논의하기 위한 사례로서는 관광기능이 보다 많이 분포하는 섬인 마라도를 대상으로 하고, 관광기능의 분포 특성에 대한 고찰에서는 관광기능이 보다 적게 분포하는 섬인 가파도에 대해 간략히 다루고자 한다.43)

가파도의 관광기능은 바다낚시와 민박이다. 바다낚시는 1990년대 후반에 시작되었는데, 이는 대표적 어종인 벵에돔이 귀한 횟감으로 이용되면서부터이다. 바다낚시가 6~12월 가파도 인근에서 이루어짐에도 불구하고, 가파도 주민들은 낚시와의 관련성이 적다. 이는 낚시 관광객이 주로 제주시의 낚시점을 통함으로써 해당 점포의 고무보트를 이용하게 될 뿐만 아니라, 낚시어선을 이용하게 되는 경우에도 가파도로 오기 위해 반드시 거쳐야 하는 모슬포의 어선을 빌리기 때문이다. 낚시 관광객들은 대개 숙박을 하지 않으므로 민박시설도 1곳뿐이다. 결국 가파도의 관광기능인 바다낚시와 민박은 최소 규모로 유지되고 있을 뿐만 아니라, 대규모 숙박시설 공사가 업체의 부도로 중단됨에 따라 가파도의 기존생산활동에서는 관광관련 활동으로의 변화가 거의 나타나지 않고 있다.

가파도의 기존생산활동은 어업활동과 농사로, 대부분 이 둘을 병행한다. 농업활동에 있어 노동력 투입이 적은 보리, 콩 등의 농작물을 재배하고 있는 것은 농토의 척박함뿐만 아니라 어업활동의 비중이 매우 높은 것에서도 비롯되었다. 어로활동에 있어 대표적이었던 자리잡이는 1990년대 중반 이후 가파도에서 모슬포 쪽으로 이동해갔다. 자리잡이를 위해서는 12명이 하나의 단위를 이루어야 하나, 가파도 주민들로서는 필요 인원을 채울 수 없기 때문에 비롯된 것으로, 도서어촌인 가파도의 열악한 생활환경이 생산활동 장소의 이동을 가져온 것이라 할 수 있다. 그러나 도서의 자연환경은 어업활동의 유지가 가능하도록 하고 있다. 깊은 수심, 강한 물살, 오염되지

---

43) 가파도의 어촌계장, 선주회장, 해녀회장, 민박종사자 등과 면담한 내용이다.

않은 바다 등은 어업활동의 유지에 긍정적 영향을 미치고 있다. 가파도의 대표적 어로어업은 그물을 이용하여 벵에돔, 방어, 다금바리, 돌돔 등을 포획하는 자망 어업으로, 어종별 시기가 상이함으로써 연중 계속된다. 한편, 잠수어업 종사자들은 30~40대의 연령층이 다른 곳에 비해 훨씬 많은데, 이는 잠수어업 소득이 높은 것과 무관하지 않다.

마지막으로 관광기능 간 분포의 연관성이 관광기능의 분포 특성으로서 파악될 수 있다. 첫째, 낚시어선과 횟집 간의 연관성이다. 낚시 활동이 빈번한 곳에 대개 횟집도 위치하는 반면, 횟집이 분포한다고 해서 낚시가 이루어지지는 않고 있다. 그리고 낚시어선과 횟집이 모두 위치하는 어촌은 소도읍의 중심어촌, 낚시터 어촌, 해수욕장 인접어촌 등으로 구분된다. 둘째, 해수욕장 인접어촌은 낚시어선, 횟집, 민박 등이 모두 분포하고, 도서어촌은 낚시어선과 민박이 연계되어 있다. 두 어촌에 모두 분포하는 낚시어선과 민박은 차이를 보이는데, 해수욕장 인접 어촌은 일시적인 반면 도서어촌은 상시적이다.

3) 제주도 어촌의 공간적 특성에 따른 관광기능 분포

제주도 어촌의 공간적 특성에 따른 관광기능 분포〈표 Ⅲ-21〉에 대한 분석에 있어 공간적 특성은 해안인접 정도와 접근성으로, 관광기능 분포에 대한 분석은 관광어촌 분포[44]와 관광기능별 어촌 분포로 구분하고자 한다〈표 Ⅲ-22〉.

첫째, 어촌의 해안인접 정도와 접근성에 따른 관광어촌의 분포이다. 어촌의 해안인접 정도에 따른 관광어촌의 분포에 있어 큰 차이는 없으나, 배후어촌이 해안에 인접할 때의 어촌에 대한 관광어촌 비율이 75.7%로서 가장

---

44) 낚시어선, 횟집 등의 관광기능 가운데 어느 하나가 분포하더라도 관광어촌으로 보았다.

높은 편으로, 이는 어촌이 해안에 인접할수록 즉, 어업활동이 많이 이루어
질수록 관광어촌도 많이 분포하는 경향을 나타내는 것으로 보인다. 어촌의
접근성에 따른 관광어촌의 분포는 접근성이 불리해짐에 따라 관광어촌의
비율은 52.6%, 64.1%, 82.1% 등으로 점차 높아짐으로써 관광어촌의 분포
가 접근성의 유리함과는 관련이 없음을 알 수 있다. 또한 어촌의 해안인접
정도와 접근성을 함께 고려하면, 배후어촌이 존재하지 않고 간선도로가 중
심어촌을 통과하는 경우가 어촌에 대한 관광어촌의 비율이 20.0%로 가장
낮게 나타난다.

둘째, 어촌의 해안인접 정도와 접근성에 따른 관광기능별 어촌 분포로,
관광기능이 하나 이상 분포하는 어촌을 대상으로 하였다〈표 Ⅲ-22〉. 관광
기능별 어촌 분포에 있어 접근성이 가장 유리한 어촌은 그렇지 않은 어촌
에 비해 낚시어선, 횟집, 민박 등 모든 관광기능이 적게 나타난다. 관광기
능이 많이 분포하는 어촌에 있어서는 낚시어선은 배후어촌이 해안에 인접
하는 어촌에 많고, 횟집은 배후어촌이 존재하는 어촌 가운데 간선도로가
배후어촌이나 어촌외부를 통과하는 어촌에 많다. 이는 낚시어선 분포는 해
안으로부터의 거리의 영향을 받으며, 횟집 분포는 접근성의 유리함과는 무
관함을 의미하는 것이라 할 수 있다. 그리고 해안인접 정도와 접근성 차이
의 조합에 의한 8개[45]의 각 경우에 있어 관광기능별 어촌 분포는 큰 차이
를 보이지 않지만, 관광기능이 많이 분포하는 어촌에 있어 배후어촌이 해
안에 인접하고 접근성이 가장 불리한 어촌의 경우 민박은 6곳으로 낚시와
횟집보다는 상당히 많다. 이는 도서어촌의 많은 민박에서 비롯된 것이다.

---

45) 해안인접 정도의 세 경우와 접근성 차이의 세 경우의 조합에 의한 전체
　　경우의 수는 아홉이나, 해안인접 정도에 있어 배후어촌이 존재하지 않는
　　다면 접근성에 있어 간선도로는 배후어촌을 통과할 수 없으므로 전체 경
　　우의 수는 아홉에서 하나가 제외된 여덟이 된다.

〈표 Ⅲ-21〉 제주도 어촌의 해안인접 정도와 접근성에 따른 관광기능 분포

宿민박, 食횟집, 釣낚시어선, 宿食釣민박, 횟집, 낚시어선의 수가 많음*

ΣΣ=67**			접근성(간선도로 통과 어촌)		
			중심어촌(Σ=10)	배후어촌(Σ=25)	어촌공간 외부(Σ=32)
해안인접 정도 (배후어촌의 위치)	배후어촌이 해안에 인접하지않는 경우 (Σ=23)	제주시		도두2동食	
		서귀포시		하효동食 강정동宿食 중문동宿食釣	하예동宿食 대포동宿食釣
		북제주군	(한림읍) 귀덕1리宿食 (애월읍) 곽지리宿食釣 (조천읍) 조천리食釣	(애월읍) 고내리宿食釣 하귀2리宿食 (구좌읍) 종달리宿食釣 (한경면) 판포리食 고산1리宿食釣	(애월읍) 구엄리宿食釣 (한경면) 용수리宿食釣
		남제주군	(남원읍) 신흥1리食	(대정읍) 하모3리食釣 (남원읍) 태흥1리宿 태흥2리食 하례1리宿 (성산읍) 시흥리釣 (안덕면) 화순리宿食釣	(대정읍) 상모1리食 (안덕면) 사계리宿食釣
	배후어촌이 해안에 인접한 경우 (Σ=28)	제주시			외도2동食 이호1동宿食釣
		북제주군	(한림읍) 수원리食釣 협재리宿食釣 옹포리宿食釣 (조천읍) 함덕리宿食釣	(한림읍) 한림1리宿食釣 금릉리宿食釣 (애월읍) 애월리宿食釣 하귀1리宿食 (구좌읍) 동복리食釣 동김녕리宿食釣 서김녕리宿 한동리食세화리宿食 (조천읍) 북촌리宿食釣	(구좌읍) 월정리宿食 하도리宿食 (추자면) 신양1리宿釣 (우도면) 천진리宿食 조일리宿釣 오봉리釣宿 서광리宿
		남제주군	(남원읍) 남원1리宿食 (성산읍) 신산리宿	(남원읍) 위미2리食釣 (성산읍) 온평리釣 (표선면) 표선리宿食釣	(성산읍) 성산리宿食釣 오조리宿食 신양리宿食釣

$\Sigma\Sigma=67$**			접근성(간선도로 통과 어촌)		
			중심어촌($\Sigma=10$)	배후어촌($\Sigma=25$)	어촌공간 외부($\Sigma=32$)
해안인접 정도(배후어촌의 위치)	배후어촌이 존재하지 않는 경우 ($\Sigma=16$)	제주시			화북1동食釣 삼양1동食釣 도두1동食
		서귀포시			보목동食 법환동食釣
		북제주군			(한림읍) 비양리宿食 (조천읍) 신흥리食 (추자면) 대서리宿釣 영흥리宿 묵리宿釣 예초리宿釣 신양2리宿釣
		남제주군	(남원읍) 신례2리食		(대정읍) 하모1리宿釣 가파리宿釣 마라리宿食 (안덕면) 대평리宿食

* 많이 분포하는 어촌은 앞서 논의된 「제주도 어촌의 관광기능 분포」에서 기능별로 많이 분포하는 곳으로 언급된 어촌들임.
** 횟집 또는 낚시어선이 분포하는 어촌만을 대상으로 함.
자료: 1:50,000 지형도(국립지리원, 1995년), 제주의 포구(제민일보사, 1992년 6월~1995년 1월).
　　민박: 제주도, 1999, "관광정보", 제주도 홈페이지(http://www.jeju.go.kr). 횟집: 한국통신, 2000, 전화번호부.
　　낚시어선: 제주시는 제주도 홈페이지(http://www.jeju.go.kr), 서귀포시는 주민면담, 북제주군과 남제주군은 내부자료.

〈표 Ⅲ-22〉 해안인접 정도와 접근성에 따른 관광어촌 분포와 관광기능별
어촌 분포

〈관광어촌 분포〉   관광어촌 수 / 어촌 수(%)

<table>
<tr><td colspan="2" rowspan="2">$\Sigma\Sigma$=67/97
(69.1)</td><td colspan="3">접근성(간선도로 통과 어촌)</td></tr>
<tr><td>중심어촌
Σ=10/19(52.6)</td><td>배후어촌
Σ=25/39(64.1)</td><td>어촌공간 외부
Σ=32/39(82.1)</td></tr>
<tr><td rowspan="3">해
안
인
접

정
도

(
배
후
어
촌

위
치
)</td><td>배후어촌이 해안에
인접하지 않음
Σ=23 /36
(63.9)</td><td>4/8
(50.0)</td><td>13/22
(59.1)</td><td>6/6
(100.0)</td></tr>
<tr><td>배후어촌이 해안에
인접함
Σ=28/37
(75.7)</td><td>5/6
(83.3)</td><td>12/17
(70.6)</td><td>11/14
(78.6)</td></tr>
<tr><td>배후어촌이
존재하지 않음
Σ=16/24
(66.7)</td><td>1/5
(20.0)</td><td></td><td>15/19
(78.9)</td></tr>
</table>

<관광기능별 어촌 분포>　　　　　기능별 어촌 수(많이 분포하는 어촌 수)*

		접근성(간선도로 통과 어촌)								
		중심어촌			배후어촌			어촌공간 외부		
		낚시	횟집	민박	낚시	횟집	민박	낚시	횟집	민박
해안인접 정도 (~ 배후어촌 위치 ~)	배후어촌이 해안에 인접하지 않음	2	4	2(1)	7(1)	12(3)	9(3)	4(1)	5(2)	5(1)
	배후어촌이 해안에 인접함	4(1)	5(1)	5(2)	9(2)	11(1)	9(3)	6(2)	8(3)	11(6)
	배후어촌이 존재하지 않음	1						8(1)	9(1)	10(2)

* 관광기능별 어촌 수는 하나 이상 분포하는 곳을 대상으로 하였고, 많이 분포하는 어촌은 앞서 논의된 「제주도 어촌의 관광기능 분포」에서 기능별로 많이 분포하는 곳으로 언급된 어촌들임.
자료: 1:50,000 지형도(국립지리원, 1995년), 제주의 포구(제민일보사, 1992년 6월~1995년 1월).
　　민박: 제주도, 1999, "관광정보", 제주도 홈페이지(http://www.jeju.go.kr).
　　횟집: 한국통신, 2000, 전화번호부.
　　낚시어선: 제주시는 제주도 홈페이지(http://www.jeju.go.kr), 서귀포시는 주민면담, 북제주군과 남제주군은 내부자료.

요컨대, 제주도 어촌의 공간적 특성에 따른 관광기능 분포에 있어 해안에 인접한 어촌일수록 낚시어선이 많이 분포하는 경향을 보이는 반면, 접근성의 유리함은 관광기능의 분포에 영향을 미치지 못한다고 할 수 있다. 이는 제주도 관광어촌에 대한 유형화가 어촌 외부와의 관계보다는 어촌 내부의 성격에 따라 이루어질 수 있음을 의미하는 것이다.

4) 제주도 관광어촌의 유형화

제주도는 반도부로부터 멀리 떨어진 화산섬이다. 멀리 떨어진 위치로 인해 도외 관광객은 대개 숙박을 하게 되며, 화산섬이라는 지형으로 인해 많은 해안 관광지가 나타나게 되었다. 그리고 해안에 위치한 마을의 대부분은 어촌이고, 각 어촌에 대한 접근성은 매우 양호할 뿐만 아니라 차이가 있더라도 어촌 간 관광지화의 차이에 지배적 영향을 미치는 것은 아니라고 할 수 있다. 이는 제주도 관광어촌에 대한 유형화가 어촌 외부와의 관계보다는 어촌 내부의 성격에 따라 이루어질 수 있음을 의미하는 것인데, 어촌 내부의 성격이란 어촌의 관광자원 분포와 관련된다.

이 논의에서는 관광자원의 분포와 관련된 것으로서 관광기능의 입지공간을 대상으로 하였다. 어촌 내부구조를 구성하는 공간은 바다, 해안, 생활공간 등으로 구분할 수 있는데, 이 중 관광기능 위치는 대체로 바다와 해안이라고 할 수 있다. 왜냐하면 어촌관광은 곧 바다를 찾는 것이고, 바다가 바로 보이는 곳은 대체로 해안까지이기 때문이다. 그런데 관광어촌의 생산활동은 바다와 해안에 따라 차이를 보인다. 기본적으로 해안은 바다와는 달리 땅이고, 바다는 해안보다 자연조건의 영향을 더 받을 뿐만 아니라, 체험관광과 연관된 관광관련 활동은 바다에서 보다 많이 이루어지기 때문이다. 따라서 관광기능의 성격은 어촌공간상 위치에 따라 현저한 차이를 보이게 되고, 관광어촌에 대한 유형화도 이를 기반으로 할 수 있다.

제주도 어촌의 관광기능에는 낚시어선, 수산물 채취·채포 어장, 수산물 조리점,[46] 민박 등이 있고, 관광기능의 어촌공간상 위치는 낚시어선과 수산물 채취·채포 어장은 바다, 수산물 조리점과 민박은 해안 등으로 구분된다. 따라서 어촌공간에 있어 관광기능 위치의 조합은 바다, 해안, 바다와 해안 등으로 구성된다. 〈그림 8〉은 제주도 어촌별 관광기능의 입지공간을

---

46) 수산물 조리점은 넓게는 횟집을 포함하는 것으로, 좁게는 횟집 이외의 수산물 음식점을 의미하는 것으로 사용하고자 한다.

나타낸 것으로, 관광기능의 어촌공간상 위치는 문헌상의 2차 자료[47]를 이용하였다.[48] 관광기능이 분포하는 제주도 어촌은 모두 67곳으로, 전체 97곳의 70% 정도가 관광어촌에 해당된다고 볼 수 있다〈표 Ⅲ-21〉. 관광기능 위치별 어촌 수는 바다 12곳(17.9%), 해안 26곳(38.8%), 바다·해안 29곳(43.2%) 등으로, 관광기능의 위치가 바다와 해안 모두인 곳과 해안인 곳은 둘을 합하면 82.0%에 이른다〈표 Ⅲ-23〉.[49]

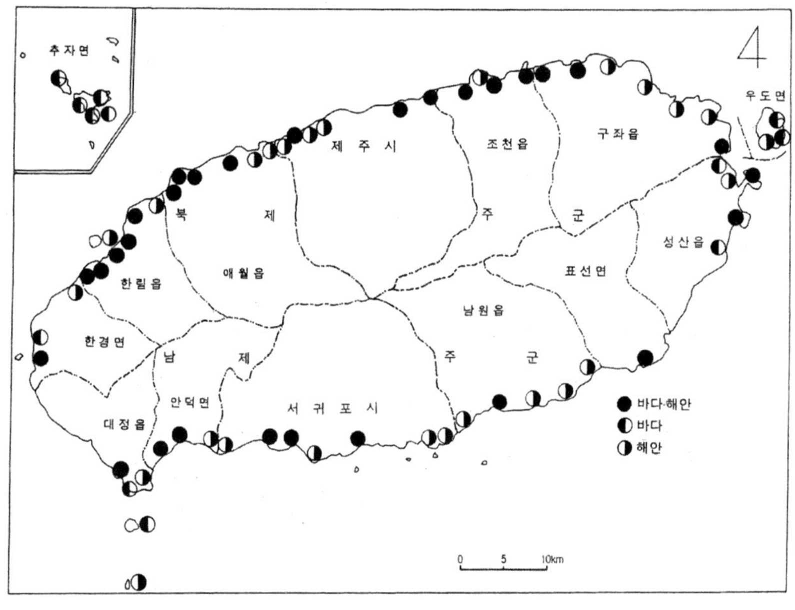

〈그림 8〉 제주도 어촌별 관광기능의 입지공간

47) 〈표 Ⅲ-21〉과 〈표 Ⅲ-22〉의 자료 출처와 같음.
48) 민박은 관광보조활동으로 다른 관광관련 활동과는 차이를 보이는데, 이는 임시민박과 상시민박으로 구분할 수 있다. 임시민박은 이전의 기존활동에 영향을 미치지 않는 반면, 상시민박은 대개 건물이 신축되는 등 적지 않은 변화를 가지고 온다. 따라서 관광어촌이란 어촌의 기능변화를 의미하는 것이므로, 임시민박은 1개가 위치하면 관광어촌으로서 성립할 수 없지만, 상시민박은 1개이더라도 관광어촌으로 간주할 수 있다. 그러나 2차 자료상 임시민박과 상시민박을 구분하기가 어려워 민박기능은 제외하였다.
49) 부록 Ⅱ의 제주도 어촌별 관광기능의 분포를 참조할 수 있다.

<표 Ⅲ-23> 관광기능 위치별 어촌 수

관광기능의 위치	어촌 수 (%)
계	67(100.0)
바다	12(17.9)
해안	26(38.8)
바다·해안	29(43.2)

그런데 관광기능이 바다와 해안에 모두 위치하는 곳은 각 공간별 관광기능들이 관광지를 찾도록 하는 정도에 있어서는 큰 차이를 보이는 경우가 흔하다. 따라서 사례어촌의 유형 구분에 있어서는 관광기능이 바다와 해안에 위치하더라도, 관광활동에 지배적 영향을 미치는 관광기능에 초점을 맞추어 지배적 관광기능이 위치하는 공간을 '지향'하는 것으로 본다면 어촌에 따라서는 바다지향 어촌, 해안지향 어촌 등 어느 하나의 관광기능에 의한 어촌공간상 위치의 유형화가 가능해질 수 있다.[50]

그리고 바다지향 어촌, 해안지향 어촌, 바다·해안지향 어촌 등과 같이 관광기능 위치의 조합에 의한 관광기능의 어촌공간상 위치의 유형구분에 있어 전제는 관광기능 위치가 중심어촌 내부이고, 어촌으로의 접근성 차이가 크지 않다는 것인데, 이러한 전제를 각각 탈피함으로써 새로운 유형 둘을 더 찾을 수 있다. 첫째, 관광기능이 중심어촌 외부에 위치하는 것은 내부인 경우와는 차이를 보이며, 이 가운데 가장 대표적인 것은 해수욕장 인접 어촌이다. 둘째, 제주도라는 섬에 부속되는 섬의 관광어촌은 제주도라는 섬에 위치한 관광어촌과는 접근성에 있어 현격한 차이를 보인다. 즉, 부속도서의 관광을 위해서는 반드시 선박편을 이용하여야만 하고, 단시간 관광이 아닌 경우에는 섬 내부에서 숙박을 해야만 한다. 따라서 추가되는 관광

---

50) 대표적으로, 수산물 채취·채포 어장이 분포하는 곳은 해안에 관광기능이 위치하더라도 바다의 수산물 채취·채포라는 관광활동의 특화도가 해안에 비해 매우 높으므로 바다지향 어촌으로 볼 수 있다.

기능의 어촌공간상 위치의 두 유형은 해수욕장 인접 어촌과 도서어촌이며,51) 이들은 각각 시간적 제약과 공간적 제약을 지닌다.

요컨대, 관광기능의 어촌공간상 위치에 따른 관광어촌 유형은 바다지향 관광어촌, 해안지향 관광어촌, 바다·해안 지향 관광어촌, 해수욕장 인접 관광어촌, 도서 관광어촌 등으로 구분할 수 있다. 이러한 유형 가운데 바다 지향 관광어촌, 해안지향 관광어촌, 바다·해안 지향 관광어촌 등 기본 유형은 관광기능의 위치가 중심어촌의 바다 또는 해안이고, 해수욕장 인접 관광어촌과 도서 관광어촌의 관광기능 위치는 각각 중심어촌 외부와 접근성이 떨어지는 섬의 바다 또는 해안에 해당된다.

---

51) 이들 두 어촌의 관광기능 분포에 있어 해수욕장 인접어촌은 낚시어선, 횟집, 민박 등이, 도서어촌은 낚시어선, 민박 등이 위치함으로써 다른 어촌들과 차이를 보이는 것도 이러한 유형구분의 타당함을 의미하는 것이라 할 수 있다.

Ⅳ. 사례어촌별 관광지화 과정

1. 사례어촌의 선정과 조사

1) 사례어촌의 선정

관광어촌 유형별 사례어촌의 선정은 관광기능이 많이 분포하거나 널리 알려져 있는 곳을 중심으로 선정하였다. 또한 사례어촌의 위치는 어촌 간 인접이 사례어촌 간 차별성 부각에 부정적 영향을 미치므로 사례 간 거리가 가깝지 않도록 했다.

바다 및 해안 지향의 관광어촌으로는 '트롤링'[1]이란 바다낚시 방법으로 널리 알려져 있고 이와 연계된 수산물조리점이 많이 분포하는 북제주군 한경면 고산1리,[2] 바다지향의 관광어촌으로는 맛조개잡이로 이름이 나있는 북제주군 구좌읍 종달리, 해안지향의 관광어촌으로는 '중문관광단지'에 인접함으로써 해안의 수산물조리점이 활성화되어 있는 서귀포시 중문동·대포동[3] 등을 선정하였다. 그리고 해수욕장 인접 관광어촌으로는 제주도의 대표적 해수욕장이 위치할 뿐 아니라 바다낚시가 많이 이루어지는 북제주군 조천읍 함덕리, 도서 관광어촌으로는 관광기능이 많이 분포하는 마라도와 우도 가운데 다른 사례어촌인 종달리와 가깝지 않은 남제주군 대정읍 마라도가 선정되었다〈표 Ⅳ-1, 그림 9〉.

---

1) 어선이 미끼를 끌고 가며 물고기를 유인하여 낚는 방법이다.
2) 2001년의 낚시어선 수는 25척으로 제주도에서 가장 많이 분포한다〈표 Ⅲ-16〉.
3) 중문동과 대포동의 수산물조리점은 종사자와 참여형태에서 차이를 보인다. 중문동은 잠수들이 공동으로 참여하는 반면, 대포동은 잠수가 아닌 이들이 개별적으로 참여한다.

그리고 어촌의 관광지화는 다양한 어촌공간에서 이루어지므로, 사례선정에 있어 사례 간 공간적 변이가 드러날 수 있도록 했다. 사례어촌 간 차이점은 두 가지를 들 수 있다.

첫째, 관광기능의 입지를 가져오는 자원의 위치가 중심어촌의 내부 또는 외부인가에 따라 관광기능의 어촌공간에 대한 영향력은 차이를 보인다. 고산1리, 종달리, 마라리 등과 같이 중심어촌 내부이면 어촌공간에 대한 영향력이 직접적인 반면, 함덕리, 중문동·대포동4) 등과 같이 중심어촌 외부이면 간접적이라고 할 수 있다.

둘째, 관광기능의 입지를 가져오는 자원의 위치가 중심어촌 내부인 고산1리와 종달리는 어촌공간과 어업활동에 있어 뚜렷한 차이를 보인다. 어촌공간에 있어 중심어촌과 배후어촌 간 거리는 고산1리가 종달리와는 달리 도보통행이 불가능할 정도이고, 어업활동에 있어 어로활동 시기는 종달리가 고산1리와는 달리 일시적이다.

〈표 Ⅳ-1〉 관광어촌 유형별 사례어촌

관광어촌 유형	사례어촌
바다 및 해안 지향 어촌	북제주군 한경면 고산1리
바다지향 어촌	북제주군 구좌읍 종달리
해안지향 어촌	서귀포시 중문동, 대포동
해수욕장 인접 어촌	북제주군 조천읍 함덕리
도서어촌	남제주군 대정읍 마라리

---

4) 중문동과 대포동의 관광기능 입지는 중심어촌 외부에 위치한 중문관광단지의 지배적 영향을 받고 있다.

〈그림 9〉 사례어촌의 위치

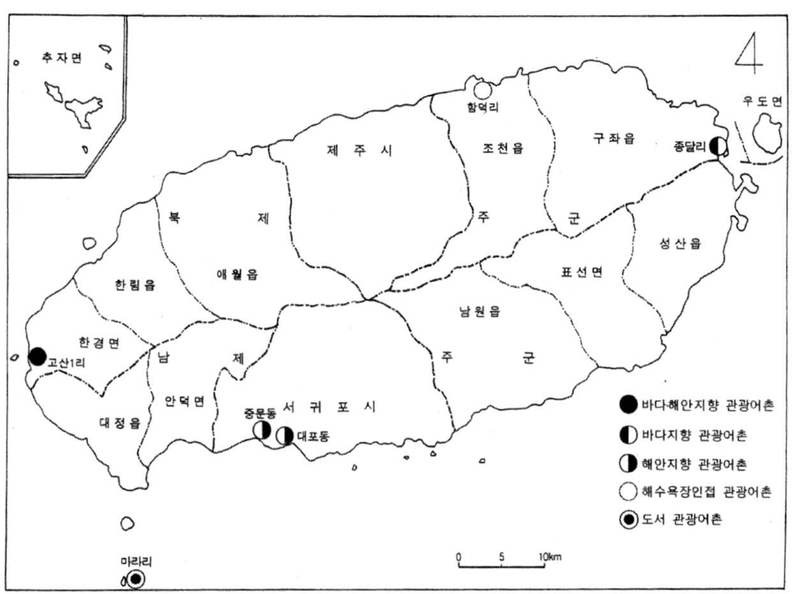

2) 사례어촌의 조사

사례조사는 1999~2001년에 걸쳐 이루어졌고, 사례어촌의 자료조사 기준 연도는 2000년이다. 조사 내용은 관광관련 활동 종사자의 생산활동 이력과 어촌 전체의 생산활동으로 구성되고, 조사 대상은 모든 사례어촌의 관광관련 활동 및 어로활동 종사자와 일부 어촌의 잠수종사자이나, 면담 대상은 질문내용이 단순하므로 사례어촌의 생산 및 생활에 대해 정통한 주민을 선정하였다. 면담 대상자 수는 사례어촌별로 5명(함덕리)~12명(고산1리)으로 총 47명이다〈표 Ⅳ-2〉.

면담 방법은 대상자로 하여금 여러 관광관련 활동 종사자에 대해 진술하도록 했고, 조사의 오류를 최소화하기 위해 동일 관광관련 활동 종사자에 대해 대부분 2명 이상에게 질문하였다.

〈표 Ⅳ-2〉 사례어촌별 면담 대상자

(대상자 수)

사례 어촌	면담 대상
한경면 고산1리 (14)	어촌계장, 선주회장, 이장, 노인회장, 잠수종사자, 어로종사자, 오징어건조 종사자(3), 횟집종사자(2), 부동산 중개업자, 기타
구좌읍 종달리 (8)	어촌계장(2), 어촌계간사, 선주회장, 이장, 잠수종사자, 어로종사자, 도항선 근무자
서귀포시 중문동 대포동 (14)	어촌계장, 잠수종사자(5), 어로종사자(1) 어촌계장(2), 어촌계간사, 횟집종사자(2), 기타(2)
조천읍 함덕리 (5)	어촌계장, 선주회장, 이장, 구장(2),
대정읍 마라리 (6)	해녀회장, 청년회장, 횟집종사자, 짜장면집 종사자 오토바이 운행 종사자, 기타

2. 바다 및 해안 지향 관광어촌

: 북제주군 한경면 고산1리

고산1리 어촌의 바다낚시는 전국적으로 알려져 있다. 2001년 현재 바다
낚시를 위해 등록된 어선은 모두 25척으로, 제주도 전체(157척)의 15.9%이
고, 북제주군 전체(86척)의 29.1%를 차지한다.[5] 이러한 바다낚시는 해안의

---

5) 제주시는 1999년도 자료임. 북제주군, 남제주군: 군별 내부자료. 제주시: 제
   주도, 1999, "관광 정보", 제주도 홈페이지(http://www.jeju.go.kr). 서귀포
   시: 주민면담.

횟집 및 민박과 연계되어 있으므로, 고산1리는 바다·해안 지향의 관광어촌으로 구분할 수 있다.

고산1리에 포함되는 자연촌락들은 포구가 위치한 마을과 그렇지 않은 마을들로 구분할 수 있는데, 두 곳은 도보 통행이 어려울 정도로 많이 떨어져 있다. 포구가 위치한 마을인 차귀동은 중심어촌에 해당하며, 흔히 자구내라 불리워진다. 차귀동의 인구는 2000년 현재 103명으로 고산1리 2,167명의 1/20(4.8%) 정도에 지나지 않고, 여자는 59명으로 남자 44명보다 15명 많다.

1) 기존생산활동 간 결합

관광관련 활동 종사자의 관광참여 직전 기존생산활동 분석은 1980년대 중반 이후의 오징어 건조활동이 기존활동에 적지 않은 변화를 가져왔기 때문에, 오징어 건조활동이 포함되지 않는 것과 포함되는 것으로 구분할 수 있다.

오징어 건조활동이 이루어지기 이전 기존생산활동 간 결합의 대부분을 차지하는 것은 가구 단위의 어로와 농사, 어로와 잠수 등의 병행이고, 어로와 농사의 병행은 배후어촌 거주자에게서, 어로와 잠수의 병행은 중심어촌 거주자에게서 나타난다〈표 Ⅳ-3〉.

기존생산활동 간 병행을 구성하는 생산활동인 어로, 잠수, 농사 등의 계절성을 검토하는 것은 이들 간 결합의 근거를 제시해 줄 수 있다.

〈표 Ⅳ-3〉 기존활동 간 결합별* 겸업단위와 종사자 분포

〈오징어건조 미포함〉

기존활동 간 결합	겸업 단위	종사자 수 분포	
		중심어촌	배후어촌
어로	남성	7	5
농사	가구		2
잠수	여성	2	
어로, 농사	가구		6
어로, 잠수	가구	5	
어로, 당구장	가구		1

〈오징어건조 포함〉

기존활동 간 결합	겸업 단위	종사자 수 분포	
		중심어촌	배후어촌
어로, 오징어 건조	가구		1
잠수, 어로, 건조	여성	1	
어로, 농사, 건조	가구		1

* 생산활동이 병행되지 않는 경우도 포함됨.
자료: 주민 면담

　어업활동에 있어 시기별 활동은 어로어업과 잠수어업에 따라 차이를 보인다. 어로어업의 시기별 수산물 종류는 4~5월에는 돔, 6~11월에는 한치와 갈치 등을 대상으로 하고, 12~3월에는 한가하다. 이는 어선규모에 따라 차이를 보이는데, 바다낚시에 참여하는 3톤 이하의 어선은 주로 한치잡이에 나서며, 5톤 이상의 어선은 돔과 갈치를 대상으로 한다. 잠수어업은 조류의 영향에 따라 주기적으로 이루어지며, 수산물은 소라, 오븐자기, 해삼, 성게, 문어 등이다. 1990년대 말 잠수어업의 1인당 연평균 수입은 평균 일천만 원 정도이며, 소요자본이 매우 적고 농업 쇠퇴로 인하여 잠수의 대부분인 70명 정도가 상시적으로 작업에 참여한다.[6]

　농업활동에 있어 주요 작물은 자급적 농업 시기에는 보리, 조, 콩, 고구

마, 감자 등이었고, 상업적 농업 시기에는 감자,[7] 마늘, 양파, 양배추 등이
다. 감귤재배는 인접한 고산2리에서 이루어지고 있는데, 1970년대에 들어서
면서 산간지대의 밭을 중심으로 과수원이 본격적으로 조성되었다.[8] 고산1
리의 주요 작물인 마늘, 양파, 감자 등의 파종・수확 시기와 고산2리에서
많이 재배되는 감귤의 수확・저장・출하 시기인 10~2월에 고산1리 주민
노동력도 많이 필요한 점을 고려한다면 가장 바쁜 시기는 4, 5월이고, 가장
한가한 시기는 6, 7월이다〈표 Ⅳ-4〉. 자급적 농업 시기에는 겨울철 1, 2월
이 농한기였으나, 상업적 농업 시기에는 특히 감귤관련 농사가 농한기에도
이루어짐으로써 농사가 불가능한 시기는 없고, 단지 시기별 노동력 투입
강도가 차이를 보이게 된 것이다.

〈표 Ⅳ-4〉 고산1리의 작물별 파종과 수확 시기

작물	파종 시기	수확 시기
녹두	3월	6월
참깨	5월	8월
팥	6월	10월
콩	6월	10월
고구마	6월	9, 10월
마늘	8월	5, 6월
양배추	9월	1~3월
양파	10월	3, 4월
감자	12월	5월
보리	12월	5월

자료: 주민 면담

---

6) 어촌계원은 1967년 122명에서 1997년 175명으로 증가하였는데, 이에는 실제
   어업에 종사하지 않는 이들도 상당 수 포함되어 있다.
7) 상업적 작물인 감자는 흔히 '가을 감자'라 불리워지는 것으로, 동결되지 않
   는 제주도 땅 속에서 겨울을 보내기 때문에 반도부 감자와는 차이를 보인
   다. '가을 감자'가 제주도에서 본격적으로 재배되기 시작한 것은 1990년대
   중반 이후이다. 한편, 자급적 작물로서의 감자는 봄에 재배되었던 것이다.
8) 高東禧 編, 2000, 高山鄕土誌, pp.405-406.

요컨대, 오징어 건조가 이루어지기 이전, 기존생산활동 간 병행을 구성하는 생산활동인 어로, 잠수, 농사 등의 조합으로 구성되는 생산활동 간 결합은 어로와 잠수, 어로와 농사, 잠수와 농사 등인데, 이 가운데 관광관련 활동과의 결합이 이루어지는 기존생산활동 간 병행은 배후어촌 가구단위의 어로와 농사, 중심어촌 가구단위의 어로와 잠수 등이다〈표 Ⅳ-3〉. 이들은 어로는 남성, 잠수와 농사는 대체로 여성이 참여함으로써 성별 분업의 형태를 띠는데, 여성이 잠수와 농사를 병행할 수 있는 것은 잠수활동이 일주일 주기로 이루어질 뿐만 아니라, 6~11월의 한치어로에 주로 참여하는 남성이 농번기인 4~5월에는 농사에 어느 정도 참여할 수 있기 때문이다.

오징어 건조 작업은 자구내 어촌의 생산활동에 있어 어느 것에 못지않은 비중을 차지한다. 중심어촌 거주자들은 15~20년 이전에 2~3가구가 소규모 농사를 짓다가 그 이후로는 농업활동에 참여하지 않고 있는데, 이는 오징어 건조가 중심어촌에서 많이 이루어지는 것에서 비롯된 것이라 할 수 있다. 오징어 건조는 15년 전 정도에 시작되었고, 10년 전 정도부터는 본격적으로 이루어지고 있다. 수산물 건조 작업이 가능한 것은 바람이 많은 자연조건에서 비롯되었다. 초기에는 이곳에서 생산되는 한치를 대상으로 하였으나, 지금은 오징어가 대부분이다. 한치에서 오징어로 바뀌게 된 것은 한치의 감소뿐만 아니라 오징어가 한치에 비해 매우 저렴하여 수요가 많기 때문이기도 하다.9) 오징어 말리기는 연중 가능하며, 배후어촌보다 바닷바람에 가까운 중심어촌에서 먼저 시작되었고, 많이 이루어진다.

마른 오징어의 판매는 두 갈래로 이루어진다. 자구내를 찾는 관광객을 대상으로 해안가에 설치된 12개의 판매대에서 구우며 직접 판매하기도 하고, 중간상인에게 넘기기도 한다. 대체로 배후어촌 거주자들은 중간상인과 거래하는 반면, 중심어촌 거주자들은 중간상인과 관광객 모두를 대상으로 한다. 이는 관광관련 활동이 이루어지는 중심어촌과 배후어촌이 인접하지 않는 것에서 비롯된다. 중심어촌에 있어 마른 오징어의 판매 대상인 중간

---

9) 이곳의 오징어는 원양어업을 통해 들여온 외국산이나, 껍질을 쉽게 벗겨 말릴 수 있고 부드럽다고 한다.

상인과 관광객 가운데 관광객의 비율이 그다지 높지 않으므로, 오징어 건조는 관광관련 활동에 포함되지 않는 것으로 보고자 한다. 그러나 관광객만을 대상으로 하는 오징어 판매는 비록 두 가구뿐이지만, 관광관련 활동에 해당된다.

관광관련 활동 종사자의 오징어건조 병행은 관광관련 활동 종사 직전에는 셋에 불과하지만〈표 Ⅳ-3〉, 관광관련 활동 종사 이후에는 보다 많이 이루어졌다. 이는 관광관련 활동에 대한 참여가 1980년대 초에 이루어지기 시작한 반면, 오징어 건조는 1980년대 중반에 시작된 것에서 연유한다. 1980년대 말에 본격화된 오징어 건조는 여성이 주로 참여함으로써 어로와 잠수의 기존 성별 분업과 더불어 어로와 오징어 건조라는 또 다른 성별 분업이 가능하게 되었을 뿐만 아니라, 여성의 잠수, 농사 등과 결합됨으로써, 여성이 참여하는 기존생산활동 간 겸업 구성은 잠수와 농사뿐만 아니라, 잠수와 오징어 건조, 농사와 오징어 건조 등으로 더욱 풍부해졌다.

2) 기존생산활동과 관광관련 활동 간 결합

바다낚시는 고산1리 어촌의 대표적 관광활동으로,[10] 1980년대 초에 시작되었고, 1990년대 초에 본격화되었다. 바다낚시가 성행되면서 어선도 거의 동력화되었는데, 1998년 기준으로 3톤 정도의 규모인 낚시어선은 28척에 이르며, 낚시에 참여하지 않는 5, 6톤 규모의 어로어선은 3척에 지나지 않는다. 1980년대 말 15척 정도의 어선이 1998년 31척에 이르게 된 것은 바다낚시 활성화의 영향이 크다고 할 수 있다.

---

10) 해양수산부가 이른바 '21세기 관광어촌' 육성 계획에 의해 마을당 20억원을 투자할 25곳 가운데 5곳을 우선 선정하였는데, 고산리가 이에 포함되었다. 한겨레신문 1999년 7월 25일자.

바다낚시는 그 목적에 따라 낚시 경험이 풍부한 낚시객들의 취미형과 경험이 적은 관광객들의 체험형으로 구분된다. 바다의 낚시활동 유형은 해안 관광관련 활동과의 연계에 있어서도 대체로 차이를 보이는데, 체험형 낚시는 횟집의 조리 및 식사와, 취미형 낚시는 민박과 연계된다. 체험형 낚시객의 수는 취미형 낚시의 두 배 정도에 이르고, 체험형 낚시가 많이 이루어지는 7~8월, 10~11월이 가장 붐빈다〈표 Ⅳ-5〉.11) 이는 8~9월의 한치어로 성어기와 8월이 겹치고, 한치어로가 가능한 6~11월과 대부분 겹치나, 한치잡이는 시기적으로 심한 편차를 보일 뿐만 아니라 바다낚시와 한치어로는 각각 낮과 밤에 이루어지므로 둘을 병행할 수 있게 된다.

〈표 Ⅳ-5〉 고산1리 바다낚시의 시기별 특성

시 기	어 종	낚시 유형
1~3월	참돔, 돌돔, 흑돔	취미형
4~5월	잡어	체험형
6~12월	참돔, 돌돔, 흑돔	취미형
7~8월	어랭이	체험형
	벵에돔, 벤자리	취미형
10~11월	다랑어	체험형
12~3월	고등어, 각재기	취미형
	벵에돔, 벤자리	취미형

자료: 주민 면담

---

11) 특히 가을의 다랑어 낚시는 어선이 인조 미끼를 끌고 가며 물고기를 유인하는 방법을 사용함으로써 더욱 매력적이다.

〈사진 2〉 바다낚시 어선과 오징어 건조(2002년 5월)

　　관광관련 활동과 기존활동 간 병행이 이루어지기 시작한 것은 1980년대 초에 바다낚시, 횟집, 민박 등이 입지하고, 이들이 기존의 어로기능이나 거주기능과 결합되면서이다. 바다낚시와 횟집은 각각 남성과 가구 단위로 어로기능과 병행되며, 민박은 공간차원에서 거주기능과 결합한다. 관광관련 활동과 기존활동 간 병행별 종사자의 거주지에 있어 바다낚시와 어로활동 종사자는 배후어촌이 중심어촌으로부터 매우 떨어져 위치함에도 불구하고, 중심어촌과 배후어촌에 고루 분포하는 반면, 민박과 횟집 종사자는 모두 중심어촌에 거주한다〈표 Ⅳ-6〉.

〈표 Ⅳ-6〉 관광관련 활동과 기존활동 간 결합별 비교

관광관련활동과 기존활동	활동공간	겸업단위	출현시기	종사자 수 분포	
				중심어촌	배후어촌
횟집, 어로	해안, 바다	가구	'80년대 초	1	
민박, 거주	거주		'80년대 초	2	
낚시, 어로12)	바다	남성	'80년대 중, 말	3, 5	3, 2
			'90년대 초, 중, 말	1, 1, 5	3, 4, 2
횟집, 건조	해안	여성	'90년대 초		1
낚시, 어로, 치킨점*	바다, 해안	가구	'90년대 초		1
낚시, 어로, 건조	바다, 해안	가구	'90년대 초, 중	3, 1	
잡화점, 건조	해안	여성, 가구	'90년대 말, 초	1	1
낚시, 건조	바다, 해안	가구	'90년대 초, 말	1	
민박, 건조	해안	여성	'90년대 말	1	
민박, 건조, 잠수	해안, 바다	여성	'90년대 말	1	
오징어판매, 잠수	해안, 바다	여성	'90년대 말	1	
잡화점, 어로	해안, 바다	가구	'90년대 말	1	
민박, 잠수	해안, 바다	가구	'90년대 말	1	
횟집종업원, 건조	해안	여성	'90년대 말	1	
낚시, 어로, 노래방*	바다, 해안	가구	'90년대 말		1

* 치킨점은 배후어촌에 위치하므로 관광기능에 해당되지 않는 것으로 봄.
자료: 주민 면담

1990년대의 관광관련 활동과 기존활동 간 병행〈표 Ⅳ-6〉에 있어 가장 높은 비중을 차지하는 것은 1980년대와 마찬가지로 바다낚시와 어로활동 간 결합이다. 그리고 1990년대에 들어 새롭게 나타난 경향은 활동공간에 있어 바다와 해안 간 결합과 겸업단위와 종사자 거주지에 있어 각각 여성과 배후어촌이라는 점이다. 이는 관광관련 활동과 기존활동 간 병행의 확대를

---

12) 1980년대 초의 어로와 바다낚시의 병행은 아주 드물게 이루어져 1980년대 중반 이후와는 차이를 보이므로 포함시키지 않았다.

의미하는 것으로, 공간적으로는 바다에서 해안으로, 결합단위에서는 남성에서 여성으로, 종사자의 거주지는 중심어촌에서 배후어촌으로 확대되고 있는 것이다.

한편, 1980년대 초에 시작된 바다낚시를 위한 관광관련 개발은 1980년대 중반 이후에 이루어졌다. 1980년대 중반 이전의 개발은 1960년대에만 이루어졌으며, 이때의 개발사업은 주민 대다수가 종사하고 있는 어업활동을 위한 소규모의 기반설비로, 관광관련 개발이라고는 볼 수 없다. 1980년대 중반 이후의 관광관련 개발사업들 가운데 자구내 어촌에 직접적 영향을 미친 것은 마을 진입로의 포장과 해안 도로의 확장·포장으로, 이에 따라 고산1리 어촌은 관광어촌으로서의 최소한의 접근성이 확보될 수 있게 되었다〈표 Ⅳ-7〉.

〈표 Ⅳ-7〉 1980년대 후반 이전의 관광 및 어업관련 개발

연 도	관광 및 어업관련 개발
1966년	해안도로 개설
1966~1967년	차귀도 방파제 공사
1967년	자구내 방파제 공사
1984년	자구내 진입로 시멘트 포장(길이 2km)
1989년	해안도로 정비와 포장(길이 170m, 폭 6~8m)

자료: 高東禧 編, 2000, 高山鄕土誌, pp.384-385.

요컨대, 관광관련 활동과 기존활동 간 병행을 대표하는 것은 바다낚시와 어로활동 간 결합이라고 할 수 있다. 바다낚시는 어로 활동과의 겸업을 통해 쇠퇴일로의 어로활동이 유지되도록 함으로써, 어로와 농사, 어로와 잠수, 어로와 오징어 건조 등 어로활동을 포함하는 기존생산활동 간 병행이 더욱 확고하게 되었다. 이는 관광활동인 바다낚시가 기존생산활동 간 병행이 유지되도록 하는 것이다. 그리고 기존 어업활동에 있어 남성과 여성이 각각 어로활동과 잠수활동에 참여하는 가구단위의 성별 분업은 1980년대

중반 이후에 새롭게 나타난 남성의 바다낚시와 여성의 오징어 건조라는 또 하나의 성별 분업 수용이 용이하도록 하게 했다고 볼 수 있다. 이는 기존 생산활동 간 병행이 관광관련 활동과 기존활동의 병행이 가능하도록 하고 있는 것이다. 따라서 관광관련 활동은 기존생산활동들이 병행되도록 하며, 기존생산활동의 병행은 관광관련 활동과 기존생산활동이 병행되도록 하고 있는 것으로 볼 수 있다.

3) 관광관련 활동 간 결합

관광기능의 위치는 1980년대 초의 바다로부터 1990년대 초에는 바다와 해안이 동시에 나타나게 되었고, 1990년대 말에는 해안이 새롭게 등장하였다. 〈그림 10〉은 고산1리 중심어촌의 관광기능 분포를 나타낸 것이다.[13] 대표적 관광관련 활동인 낚시, 횟집, 민박 가운데 1980년대 중반에 시작된 낚시는 1990년대 초 이후에도 지속적으로 증가하였고, 횟집은 1990년대 초에 이미 2000년과 같은 5곳이나 분포하였던 반면, 상시민박의 대부분은 1990년대 말에 들어섰다. 따라서 바다의 낚시에다 해안에 횟집과 민박이 입지함으로써 관광관련 활동들은 병행되기 시작한 것이라고 할 수 있다.

첫째, 관광관련 활동이 기존생산활동과 보완관계일 때의 관광관련 활동 간 결합이다〈표 IV-8〉. 이에는 가구 단위의 낚시와 횟집, 낚시와 민박관리, 낚시와 낚시점과 잡화점 등이 존재하는데, 횟집, 민박관리, 낚시점, 잡화점 등 해안의 관광관련 활동은 모두 바다의 낚시와 결합된다. 관광관련 활동 간 병행에 있어 이들과 결합되는 기존활동은 모두 어로인데, 이는 낚시라는 관광관련 활동과의 병행이 용이한 것에서 비롯되는 것이라 할 수 있다. 관광관련 활동 간 결합들의 출현 시기는 1980년대 중반~1990년대 중반이

---

13) 2000년 현재 관광관련 활동에 종사하는 22가구 가운데는 귀환 이주한 경우가 3가구이고, 처가와의 연고로 이주하게 된 경우가 2가구에 이른다. 이는 고산1리 관광관련 활동의 수익성이 높음을 나타내는 것이라고 할 수 있다.

며, 전체 종사자 4가구 가운데 3가구가 중심어촌에 거주한다.

둘째, 관광관련 활동이 기존생산활동을 대체할 때의 관광관련 활동 간 결합이다. 이에 해당되는 7사례들은 그 활동공간에 따라 둘로 구분할 수 있다. 해안의 관광관련 활동 간 결합은 횟집과 민박을 병행하는 4사례이고, 바다와 해안 간 결합은 낚시와 횟집, 낚시와 잡화점, 낚시와 오징어판매 등 모두 3사례이다.

대체관계의 관광관련 활동 간 결합내용 가운데 대표적인 횟집과 민박의 병행에 있어 이의 출현과 함께 대체되는 기존생산활동은 모두 어로활동(2사례)이며, 이전에 종사하던 어로활동의 대체가 이루어진 것은 1980년대에 횟집과 낚시어선 2~3척을 운영해오다 1990년대 말에 상시 민박14)에도 참여하게 되면서이다.

셋째, 관광관련 활동과 기존생산활동이 보완 또는 대체관계일 때의 관광관련 활동 결합 간 차이점이다. 관광관련 활동 간 병행에 있어 기존생산활동과 보완관계를 이루는 1990년대 중반 이전에는 낚시와 횟집(민박관리)(낚시점, 잡화점)이 각각 바다와 해안이라는 상이한 공간에서 이루어졌던 반면, 기존생산활동을 대체하는 1990년대 말에는 바다와 해안의 상이한 이용뿐만 아니라 횟집과 민박이 병행됨으로써 해안의 동일건물에서도 상이한 공간이용이 가능하게 되었다.

---

14) 어촌계 민박시설을 비롯한 중심어촌의 민박기능은 상시적으로 운영된다. 중심어촌 민박의 출현 시기와 기능은 배후어촌과 차이를 보인다. 출현 시기에 있어 중심어촌의 민박은 1980년대 초의 임시민박으로부터 1990년대 말의 상시민박으로 상시화한 반면, 배후어촌의 민박은 1990년대 말에 들어섰다. 민박의 기능 차를 그 이용자로써 살펴본다면, 중심어촌은 관광객인 반면, 배후어촌은 관광 성수기에는 관광객이고, 그 밖의 시기에는 농산물 상인 등이 거주한다. 관광객이 바다에 인접하지 않은 배후어촌의 민박을 이용하게 되는 것은 민박 수요가 중심어촌의 민박 공급을 초과하는 때이다.

〈그림 10〉 고산 1리 중심어촌의 관광기능 분포

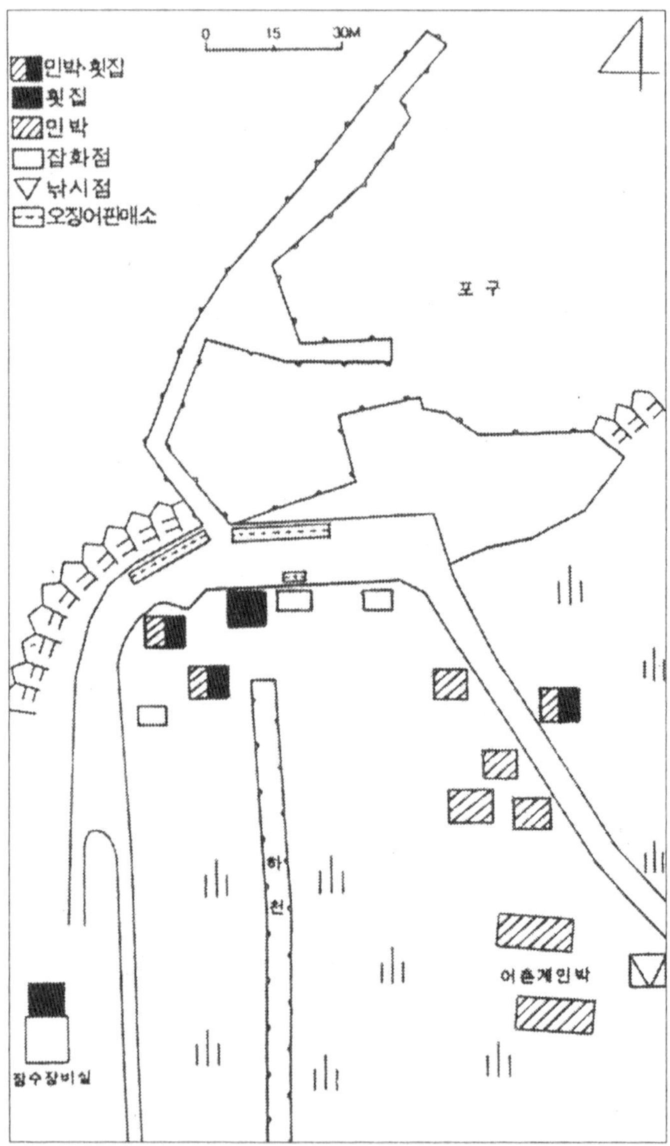

〈표 Ⅳ-8〉 관광관련 활동 간 결합별 비교

〈기존활동과 보완되는 경우〉

관광관련 활동	활동공간	겸업단위	출현 시기	종사자 수 분포	
				중심어촌	배후어촌
낚시, 횟집	바다, 해안	가구	'80중, '90초	1, 1	
낚시, 민박관리	바다, 해안	가구	'90년대 중	1	
낚시, 낚시점, 잡화점	바다, 해안	가구	'90년대 중		1

〈기존활동이 대체되는 경우〉

관광관련 활동	활동공간	겸업단위	출현 시기	종사자 수 분포	
				중심어촌	배후어촌
낚시, 횟집	바다, 해안	가구	'80년대 말		1
횟집, 민박	해안	가구, 여성*	'90년대 말	2, 1	1
낚시, 잡화점	바다, 해안	남성	'90년대 말	1	
낚시, 오징어판매	바다, 해안	가구	'90년대 말	1	

* 겸업단위별 종사자 분포에 있어 가구단위는 중심어촌이 2명이고, 여성단위는 중심어촌과 배후어촌이 모두 1명씩임.
자료: 주민 면담

결국, 해안의 관광기능들 가운데 고산1리의 대표적 관광활동인 바다낚시와 어울리는 관광기능들은 관광관련 활동 간 병행으로써 유지되고 있는 반면, 이와 어울리지 않는 기능은 쇠퇴하거나 소멸되곤 하였다고 볼 수 있다. 바다낚시와 어울리는 기능은 수산물을 조리해주는 횟집, 낚시객 등의 숙박을 위한 민박, 낚시도구 판매점, 기타 잡화점 등이다. 반면, 바다낚시라는 체험 관광과 결합되기가 어려운 관광활동으로 대표적인 것은 수려한 자연경관을 대상으로 하는 감상 관광을 들 수 있다. 1990년대 초에 2.29톤과 2.89톤의 6인승 유람선이 자구내 포구로부터 수월봉 해안, 차귀도, 와도, 당산봉 해안 등을 거치는 25~30분 정도의 해상 유람을 위해 운항되었으나 수요자 부족으로 소멸되고 말았다.[15] 이 밖에도 쇠퇴하거나 소멸된 기능으

---

15) 제민일보 1993년 7월 13일자.

로는 바다낚시와 연계되지 않은 전문 횟집, 어촌의 조용한 휴식과는 거리
가 있는 노래방 등이 있다.

〈사진 3〉 여러 활동이 병행되는 관광기능 (2002년 5월)

그리고 해안의 관광관련 활동이 1990년대 말에 본격화된 것과 무관하지
않은 것은 1990년대의 관광관련 개발사업〈표 Ⅳ-9〉으로, 이는 대체로 전반
기에 있어 자구내 어촌으로의 접근성 증대와 후반기에 있어 어촌공간의 관
광관련 설비로 구분할 수 있다. 1990년대 후반기에 들어선 대표적 관광관련
시설은 해안의 민박 건물과, 바다와 해안을 연계시키는 어항의 기반시설인
선착장이다. 어촌계 민박 시설은 이전의 개발과는 차이를 보이는 것으로, 민
박 설비에 참여한 어촌계원들은 운영결과에 따라 배당을 받고 있다.16)

---

16) 민박시설 가운데 어촌계가 운영하는 것은 널리 알려져 있어 여름철에는 예
　약이 불가능할 정도이다. 어촌계 민박시설은 민박건물 네 개의 동과 상가건
　물 한 개의 동으로 이루어져 있는데, 민박건물은 수용인원 100명의 규모로
　관리인 2명을 두고 있고, 상가건물은 임대를 주고 있다. '어촌종합개발사업'

〈표 Ⅳ-9〉 1990년대의 관광관련 개발

연　도	관광관련 개발
1992년	차귀도 선착장 사업
1993년	해안산책로 확장과 포장
1993~1994년	국도~자구내 확장과 포장(길이 1.2km)
1993~1995년	군도(해안도로) 211호선 포장(길이 7.8km)
1995년	군도(해안도로) 211호선 전 구간 완료
1996년	어촌민박 6동(316평), 낚시어선 1척(4.03톤), 선착장 170m, 가로등

자료: 高東禧 編, 2000, 高山鄕土誌, pp.386-392.

　한편, 관광관련 활동 종사자들은 대부분 토착민인데, 관광관련 활동에 종사하고자 이주한 경우는 이곳 주민이 道外에서 거주하다 다시 귀환이주하는 경우가 3가구에 이르고, 道內에서 처가인 이곳으로 이주한 경우가 2가구이며, 그 밖의 이주 가구는 2가구이다. 이러한 관광관련 활동 종사가구의 거주양식에 있어 성장한 자녀를 제외한 가구 구성원의 거주지가 모두 고산1리이므로 관광관련 활동 종사자의 거주활동은 어촌공간과 통합되어 있다고 할 수 있다.

　요컨대, 고산1리 어촌의 관광지화 시기 구분은 관광기능의 위치와 기능 관계의 차이에 따라 이루어질 수 있다.[17] 1980년대 중반에 바다의 관광관

　에 의해 1997년부터 운영하기 시작한 어촌계 민박시설은 설비비용이 8억 5천만 원이고, 비용부담은 국고 50%, 도비 45%, 어촌계원 부담 5% 등이다. 1997년 기준으로 총 175명인 어촌계원 중에는 2/3정도인 118명이 참여하고 있고, 1999년에 처음으로 민박시설에 참여한 어촌계원에게 30만 원씩 분배되었다. 한편, 어촌계가 소유하고 있는 횟집 2개, 점포 2개, 낚시어선 1척 등은 어촌계의 공동 운영이 아니라, 개인에게 임대된 상태이다.

17) 바다와 해안의 관광관련 활동이 대비되며, 이는 기능 관계의 차이에도 영향을 미치므로, 관광기능의 위치와 기능 간 관계에 대한 시기적 구분은 동일 속성은 다른 속성과는 시기적 차이를 보이며 집단화될 것이라는 전제하에서 이루어졌다. 관광기능의 위치, 기존활동과 관광관련 활동 간 관계

련 활동이 시작됨으로써 기존생산활동과 관광관련 활동 간 결합이 출현하였고, 1990년대 이후에는 바다의 관광관련 활동이 해안과의 연계가 본격화됨으로써 관광관련 활동 간 결합이 이루어지게 되었다. 관광관련 활동 간 결합 시기에 있어 기존생산활동과 관광관련 활동이 보완관계인 경우는 1990년대 초 이후인 반면, 대체관계인 것은 해안의 관광관련 활동이 본격화된 1990년대 말이다〈표 Ⅳ-10〉.

〈표 Ⅳ-10〉 관광기능 위치에 따른 기존활동과 관광관련 활동 간 관계의 변화
(고산1리 어촌)

관광촌화 변수	관광촌화 이전→	관 광 촌 화　　이 후		
변화 시기(연대)	'80중	'90초		'90말
기능위치(공간)		바다　→　바다·해안　→		해안
기능관계(활동)	기존　→ 기존+관광 → 기존+관광a+관광b* → 관광a'+관광b'*···**관광			

* 「기존+관광a+관광b」와 「관광a'+관광b'」에 있어 관광a와 관광a', 관광b와 관광b' 등은 동일한 관광기능일 수도 있음.
**→가 행위주체 기준의 기능관계 변화를 표시한 것이므로, 이와는 달리 공간 기준의 전업 관광관련 활동을 나타내기 위해 ⇢를 사용함. 이는 민박용 건물 2곳에서는 거주활동이 이루어지지 않는 상시민박으로, 일반적으로 거주공간과 통합된 상시민박과의 차이를 설명하고자 하는 것임.

3. 바다지향(수산물 채포) 관광어촌
: 북제주군 구좌읍 종달리

제주도 동쪽에 위치한 북제주군 구좌읍 종달리는 남제주군과 맞닿아 있는 어촌으로, 바다에서의 맛조개잡이를 직접 체험할 수 있는 곳으로 이름이 나 있는 반면, 해안의 관광기능은 활성화되어 있지 않으므로 바다지향

의 시기적 변화에 있어 하나의 단계로 선정되기 위해서는 이에 해당되는 경우의 수가 둘 이상이 되도록 하였다.

의 관광어촌으로 구분할 수 있다.

<그림 11> 종달리 어촌의 관광 및 어업 관련기능의 분포

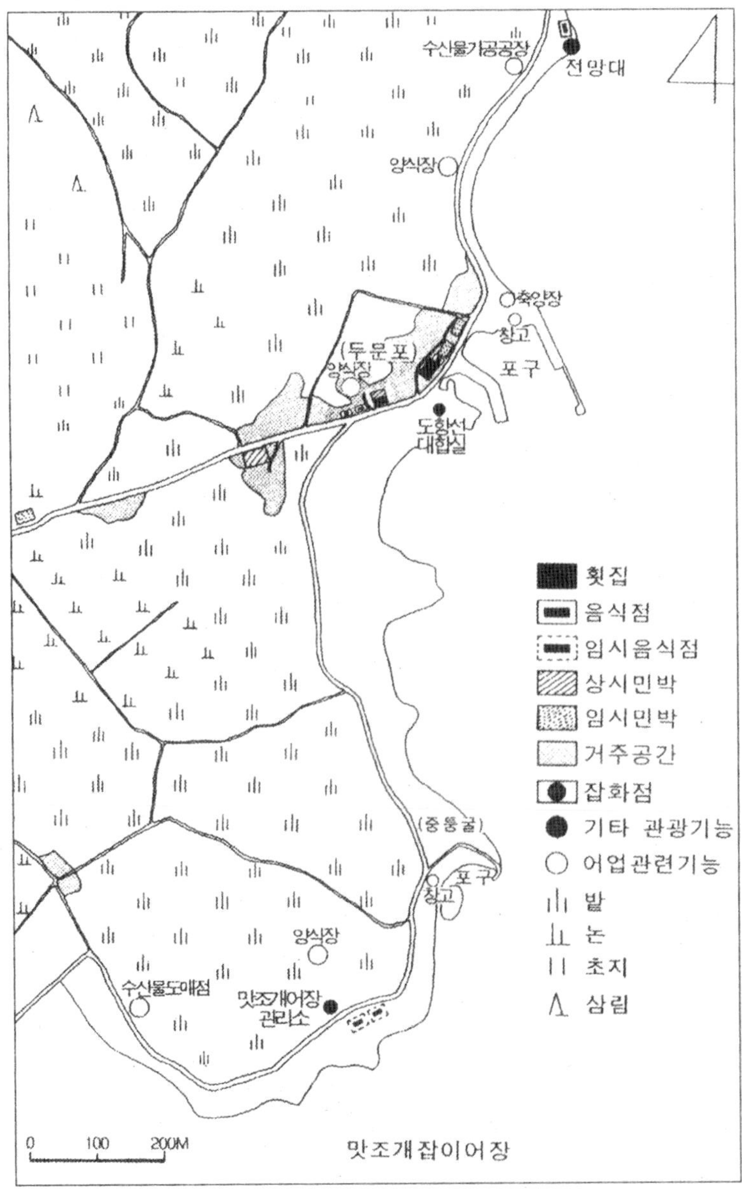

종달리는 동동, 동중동, 중동, 전수동, 서동 등 다섯 곳의 자연촌락으로 구성되어 있고, 어항은 동동의 '두문이개'와 중동의 '중통굴'로 구분된다〈그림 11〉. '두문이개'는 종달리 어업활동의 중심으로 거주공간과 인접해 있는 반면, '중통굴'은 규모가 매우 작고 거주공간과는 분리되어 있다.

1) 기존생산활동 간 결합

1980년대 중반 세대주별 생산활동〈표 Ⅳ-11〉에 있어 농업종사자수(302명)는 크게 전업종사자(131명)와 어업과의 겸업종사자(164명)로 나누어지고 큰 차이를 보이지 않는 반면, 어업종사자(176명)는 전업종사자가 매우 적고 (12명), 대부분(164명) 농업과의 겸업종사자였다.[18] 전업의 어업활동 종사자 12명은 1980년대 중반의 어선이 11척이란 점을 감안하면〈표 Ⅳ-12〉 어로활동 종사자의 대부분을 포함하는 것이고, 겸업의 어업활동 종사자는 잠수들이 농사를 병행하는 것이라고 볼 수 있다.

〈표 Ⅳ-11〉 세대주별 생산활동(1986년)

(%)

계	농 업	어 업	농업·어업	상 업	농업·상업	기 타
412(100.0)	131(31.8)	12(2.9)	164(39.8)	13(3.2)	7(1.7)	35(8.5)

출처: 종달리, 1987, 地尾의 脈: 종달리지, p.216.

2000년에는 전업의 어로활동 종사자가 30명의 전체 어로종사자 가운데 2명뿐으로, 1980년대 중반의 12명과 비교해보면 많이 감소한 것이다. 이는

---

18) 1980년대 중반에는 현재의 대표적 농작물인 당근과 감자가 아직 본격적으로 재배되기 이전으로, 1986년의 경우 당근은 전체 경지면적 1,274ha 가운데 55ha인 4.3%에 불과할 뿐이고, 감자는 재배되지 않았다. 종달리, 1987, 地尾의 脈: 종달리지, p.218.

당근과 감자 재배가 본격적으로 이루어지면서 비롯된 결과이고, 전업의 어로활동보다는 어로와 농사의 병행이 비교우위에 있음을 나타내는 것이라고 할 수 있다. 남성과 여성이 각각 어로어업과 잠수어업에 종사하고, 어업활동의 시간적 제약으로 어로와 잠수어업 종사자는 모두 농업활동에도 참여함으로써, 어업활동 종사자[19]들의 농업활동 병행은 잠수어업 종사자뿐만 아니라 어로어업 종사자의 경우에도 일반화하게 된 것이다. 따라서 기존생산활동 간 결합을 어로와 농사, 잠수와 농사 등으로 나누고, 관광관련 활동과의 결합 가능성을 검토하고자 한다.

첫째, 어로와 농사의 결합으로, 이는 어로활동과 농업활동 각각에서부터 검토하고자 한다.

어로활동에 있어 1960년대 중반과 1980년대 중반의 어선은 모두 5톤 이하의 11척이나, 1980년대 중반에는 모두 동력화되었고, 1980년대 후반부터 한치어로의 영향으로 어선 수가 많아 졌다〈표 Ⅳ-12〉.

---

19) 어업활동 가운데는 어로 및 잠수어업뿐만이 아니라 양식어업도 이루어지고 있는데, 이는 다른 어업과는 달리 모두 전업의 형태이다. 양식과 관련된 시설은 양식장 2곳과 種苗場 1곳이 있다. 양식장 2곳은 중심어촌의 해안에 위치하며, 이주민과 토착민이 함께 운영한다. 종묘장 1곳은 배후어촌의 맛조개잡이 어장이 인접한 해안에 위치하며, 토착민이 참여한다.
　양식어업은 어로 및 잠수어업과 연계되지 않을 뿐만 아니라, 갈등관계를 나타내고 있다. 어업 종사자들은 어장 오염의 주요인으로 양식장을 지목하는 반면에, 양식업 종사자들은 양식장은 기본적으로 오염원이 아니라는 주장을 펼친다. 예컨대, 낚시미끼인 갯지렁이 집단 폐사에 대해 어촌계원들은 양식장 배출수가 흘러나오는 곳에 폐사가 심한 것을 근거로 양식장에서 비롯되었다고 주장했던 반면, 양식업자는 수온이 상승해 어류들이 제대로 먹지 못하자 먹이를 줄인 것 외에는 평상시와 다른 조치를 취한 적이 없다고 맞섰던 경우가 있었다(제주일보 2000년 7월 14일자).

<표 Ⅳ-12> 어선규모의 변화

시 기	계		~5톤		5~10톤	
	무동력	동력	무동력	동력	무동력	동력
1967년	11		11			
1985년		11		11		
2000년		32		28		4

자료: 水産業協同組合中央會, 1967, 漁村契現況.
　　　종달리, 1987, 地尾의 脈: 종달리지.
　　　북제주군청 내부자료.

　어선규모별 어로활동 시기는 어종에 따라 차이를 보인다. 어선규모가 5톤 이하로 선원을 고용하지 않는 어로어업 종사자는 전체 32명 중 87.5%인 28명으로, 8~10월에 많이 이루어지는 한치잡이에 참여한다. 어선규모가 5~10톤으로 선원을 고용하는 어로어업 종사자 4명은 4~12월의 갈치잡이와 겨울철의 옥돔과 조기잡이에 참여하는데, 이 가운데 5~6톤 어선은 여름철 한치잡이에도 이용되고 있다. 결국, 옥돔, 조기 등의 잡이에 참여하는 어선의 어로활동이 상시적인 반면, 한치잡이는 8~10월에 많이 이루어지므로, 한치잡이 종사자들은 어로활동이 불가능한 시기에는 농업활동을 하게 되는 것이다.

　농업활동에 있어서는 농한기라 여겨졌던 겨울철에도 작업이 가능한 작물이 도입됨으로써 연중 이루어지게 되었다. 이는 자급적 농업이 1980년대 이후 상업적 농업으로 바뀌면서 나타난 현상으로 볼 수 있다. 1970년대까지는 보리, 조, 고구마 등 주로 자급적 작물이었고, 1980년대 이후에는 당근, 감자, 마늘 등 상업적 작물의 재배가 이루어졌다. 당근과 감자는 현재 종달리의 대표적 농작물이고, 농업활동은 상시적으로 이루어진다고 할 수 있으나<그림 12>, 노동력 투입 강도는 시기별로 차이를 보인다. 가장 바쁜 시기는 당근 수확이 이루어지는 11월 하순~4월 초순으로, 이 기간에는 타지에 나가 있는 젊은이들도 많이 들어와 작업을 한다. 그러나 한치잡이가 많이 이루어지는 8~10월은 당근, 감자 등의 농사가 한가한 편이이므로, 어로활동과 농업활동이 대체로 병행되는 것은 두 생산활동의 노동력 투입 시기와 강도가 차이를 보이기 때문이라고 할 수 있다.

〈그림 12〉 감자와 당근 재배의 農事曆

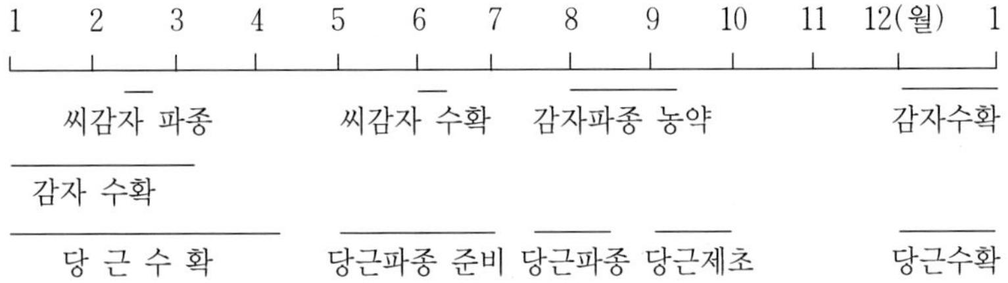

1	2	3	4	5	6	7	8	9	10	11	12(월)	1

씨감자 파종   씨감자 수확   감자파종 농약   감자수확

감자 수확

당 근 수 확   당근파종 준비 당근파종 당근제초   당근수확

자료: 주민 면담

둘째, 잠수와 농사의 결합이다. 잠수어업은 조류의 영향으로 한달에 15일씩 행해지므로, 농사와 결합되어 연중 주기적으로 이루어진다. 대표적 수산물은 소라, 전복, 오분자기, 천초 등인데, 소라 채취의 소득은 하루 5~6시간 작업에 최소 5만 원 정도인 반면 농업 노동의 하루 임금은 2만 5천 원 정도이므로, 소라 채취 기간에는 농사보다 어업에 많이 참여한다. 소라 채취는 10~5월 동안 이루어지는데, 대체로 일주일에 두 물~세 물의 이틀[20] 동안 작업을 한다.

---

20) 잠수작업은 조류 조건이 맞으면 1주일 내내 가능하기도 하나, 소라가 단시일 내에도 성장하기 때문에 채취 양을 늘리기 위해 일주일에 이틀 정도 하고 있다.

〈표 Ⅳ-13〉 기존활동 간 결합별* 겸업단위와 종사자 분포

〈낚시 참여 어로집단〉

기존활동 간 결합	겸업 단위	종사자 수 분포	
		중심어촌	배후어촌
어로, 농사	가구	5	3
어로, 농사, 잠수	가구	7	3
어로, 농사, 잡화점	가구	1	
농사, 잠수	가구		1

〈낚시 비참여 어로집단〉

기존활동 간 결합	겸업 단위	종사자 수 분포	
		중심어촌	배후어촌
어로	남성		1
어로, 농사	가구	2	3
어로, 농사, 잠수	가구		2
어로, 잡화점	가구	1	

〈낚시 외 관광참여집단〉

기존활동 간 결합	겸업 단위	사례 수
농사	가구	1
잠수, 농사	가구	4
잠수, 운전	가구	1
어로, 농사	가구	1
농사, 기타(회사원)	가구	1

* 생산활동이 병행되지 않는 경우도 포함됨.
　자료: 주민 면담

기존생산활동 간 결합별 겸업단위와 사례 수에 대한 분석은 바다낚시 참여 어로집단, 바다낚시 비참여 어로집단, 바다낚시 외 관광관련 활동 종사집단 등에 대한 비교로써 이루어진다〈표 Ⅳ-13〉. 바다낚시 참여 어로집단의 기존생산활동 간 병행은 대체로 가구단위의 어로와 농사, 어로와 농사와 잠수 등이 결합된 것으로, 이는 어로와 잠수에는 각각 남성과 여성이, 농사에는 둘 모두 참여함으로써 이루어진다. 이는 바다낚시 비참여 어로집

단의 기존생산활동 간 병행과는 큰 차이를 보이지 않는다. 그러나 바다낚시 외 관광관련 활동 종사자의 기존생산활동 간 결합은 가구 단위의 잠수와 농사가 절반을 차지함으로써, 바다낚시 참여 또는 비참여 어로집단과는 차이를 보인다. 기존생산활동 간 결합에 있어 바다낚시 참여 또는 비참여 어로집단 간에 차이가 없는 것은 어로집단 간 유사함에서 기인하고, 이들과 바다낚시 외 관광관련 활동 종사집단 간에 차이를 보이는 것은 바다낚시 외 관광관련 활동에는 비어로집단이 주로 참여하기 때문이다.

2) 기존생산활동과 관광관련 활동 간 결합

기존생산활동과 관광관련 활동의 결합에 있어 둘 간의 관계는 관광기능의 어촌공간상 위치에 따라 차이를 보일 것이므로, 바다와 해안으로 나누어 검토한다.

바다의 관광관련 활동 가운데 처음으로 나타난 관광관련 활동은 1990년대 초에 시작된 바다낚시이다. 바다낚시의 대상 어종이 제주도 여름철 바다낚시에서 가장 흔한 어랭이가 대부분이므로, 낚시 유형은 대체로 체험형에 해당된다.

어로활동 종사자 29명 중 20명(69.0%, 2000년 기준)이 바다낚시에 참여하고 있으나,[21] 이는 바다낚시에 적합한 5톤 미만의 어선 보유자 25명을 대상으로 한다면 80.0%에 해당된다. 낚시와 어로의 병행이 이루어진 시기는 어촌의 내부공간에 따라 차이를 보인다. 중심어촌에서는 1990년대 초가 많은 (10/12명) 반면, 배후어촌에서는 1990년대 중반이 많다(5/8명). 이는 낚시가 이루어지는 바다와의 거리 차에서 비롯된 것이라 할 수 있다〈표 Ⅳ-14〉.

---

21) 북제주군 내부자료에 의하면 2001년 종달리의 낚시어선은 존재하지 않는 것으로 되어 있는데 〈표 Ⅲ-16〉, 이는 실제와는 거리가 있으나 종달리 바다낚시의 쇠퇴를 의미하는 것으로는 볼 수 있다.

〈표 Ⅳ-14〉 관광관련 활동과 기존활동 간 결합별 비교

관광관련 활동과 기존활동	활동공간	겸업단위	출현 시기	종사자 수 분포	
				중심어촌	배후어촌
민박, 거주	거주		'90년대 초	3	
잡화점, 어로	해안, 바다	가구	'90년대 초	1	
낚시, 어로	바다	남성	'90년대 초, 중	12	8
잡화점, 농사	해안, 농업	여성	'90년대 초, 말	1	1
식당, 농사	해안, 농업	여성	'90년대 말, 중	1	2
잡화점, 잠수	해안, 바다	여성	'90년대 말		1
민박, 농사	거주, 농업	여성	'90년대 말	2	

자료: 주민 면담

바다낚시 참여자는 모두 한치잡이 중심의 어로활동뿐만 아니라 바다낚시의 성수기가 당근, 감자 등 대표적 농작물의 수확시기〈그림 12〉와 겹치지 않아 농업활동도 병행한다. 바다낚시의 성수기는 농번기와 겹치지 않으나, 한치잡이의 성어기와는 부분적으로 중복된다〈표 Ⅳ-15〉. 그러나 바다낚시는 한치잡이의 부수적 수단에 지나지 않으므로 둘이 경쟁관계를 이루는 8월 한 달 동안은 대체로 한치잡이가 많이 이루어지며, 바다낚시와 한치잡이가 각각 낮과 밤에 이루어지므로 드물지만 둘을 병행하는 경우도 있다.

〈표 Ⅳ-15〉 한치잡이와 바다낚시의 시기

	종사시기	성어기(성수기)
한치잡이	6~ 1월	8~10월
바다낚시	6~10월	7~ 8월

자료: 주민 면담

한편, 여성이 종사하는 잠수어업은 농사와 병행됨으로써 잠수어업과 관련된 관광기능의 출현은 쉽지 않다고 볼 수 있다. 종달리는 당근, 감자 등의 농사가 상시적일 뿐만 아니라, 노동력 수요가 많아 노년층까지 참여할 정도이

므로, 여성의 관광관련 활동 참여의 필요성은 더욱 적어지기 때문이다.

바다의 관광활동 가운데 바다낚시에 이어 출현한 것은 맛조개잡이라는 체험활동이다. '종달 맛조개잡이 관광체험어장'은 지방정부와 어촌계가 함께 추진하여 들어서게 된 것으로, 해안도로 바로 아래쪽에 위치하며 면적은 3만평 정도이다. 조개왓(조개밭)이라 불리워지는 이곳에는 맛조개뿐만 아니라 개량조개, 바지락 등의 조개류가 서식하고 있다. 맛조개는 모래 밑 30~40cm에서 자라고 움직임이 워낙 빨라 이색적인 채포 방법[22]이 필요하다. 맛조개잡이는 7~9월에 집중적으로 이루어지고, 이러한 활동과 관련되어 음식점 2곳이 일시적으로 운영되고 있는데, 음식점 참여자는 모두 기존의 농업활동을 병행하고 있다.

〈사진 4〉 맛조개잡이 어장(2002년 5월)

---

22) 썰물 때 겉모래를 한번 쓸어내면 송송 뚫린 직경 1cm 미만의 구멍이 나오는데 이곳에 맛소금을 뿌리면 맛조개가 입을 벌리며 더듬이를 드러낸다. 이 때 더듬이를 재빨리 잡고 호미로 모래를 훑어내면 맛조개가 올라온다 (동아일보 1996년 7월 24일).

이러한 조개잡이 어장으로의 접근이 보다 용이하도록 한 것은 1990~1996
년의 해안도로 개설이다. 그러나 이는 생태보전과 관광개발의 관계를 조화
가 아닌 갈등으로 나타나도록 영향을 미치고 있다. 조개잡이 어장과 해안도
로가 이웃해 있는 위치는 체험관광이 지향해야 하는 생태보전과 해안도로
개설이라는 관광개발이 모순관계를 형성하도록 하는 것이다. 여기에다 맛조
개잡이에 대한 이용자 수의 제한이나 종패 살포에 대한 체계적 연구가 이루
어지지 않음으로써[23] 맛조개는 급격히 감소해 왔다. 특수한 관광자원인 맛
조개잡이를 통해 널리 알려지기 시작했으나, 이와 함께 맛조개 자원은 바닥
을 드러내고 있는 것이다. 이는 보전 상태가 양호한 생태를 대상으로 하는
체험관광 또는 생태관광이 생태의 보전을 함축하는 생태지향적 관광을 뜻하
는 것은 아님을 보여주고 있다.

해안의 관광관련 활동에는 종달리~우도간 도항선 관련활동과 민박이 있
다. 종달리~우도간 도항선은 1999년에 시작되었고, 4~9월에는 하루 7차
례, 10~3월에는 하루 4차례 운행한다. 종달리 포구의 도항선 대합실 건축
에는 북제주군과 선박회사가 공동으로 투자하였고, 대합실 내의 잡화점과
매표소는 각각 종달리와 선박회사가 운영하고 있다. 대합실 잡화점은 잠수
와 농업활동에 참여하는 여성 2명이 교대로 종사하고 있는데, 잠수활동이
불가능한 시기에는 잠수종사자가, 그렇지 않은 시기에는 농업종사자가 나
온다. 그리고 민박은 임시민박 3곳과 상시민박 2곳이 각각 1990년대의 초
와 말에 출현하였다.

요컨대, 기존활동과 관광관련 활동의 병행에 있어 임시민박과 거주, 낚시
와 어로 등은 1990년대 초반 이후에 이루어졌는데, 이들은 모두 기존활동
이 이루어져 오고 있는 곳에서 관광관련 활동이 시간적 차이를 두고 병행
되는 것이다. 이와는 달리 1990년대 중반 이후에는 식당, 상시민박 등의 관
광기능이 입지한 곳에서 이들 활동만 이루어진다. 그리고 관광기능의 위치

---

23) 맛조개잡이는 희귀한 관광자원임에도 불구하고, 마을 차원에서만 어장 구
    역별 격년제 이용, 종패 살포 등에 대해 논의되고 있을 뿐이다.

에 따라 성별 분업이 뚜렷하게 이루어지고 있는데, 바다의 낚시에는 남성이, 해안의 잡화점, 식당, 민박 등에는 여성이 참여하고 있다.

3) 전업의 관광관련 활동

전업의 관광관련 활동인 횟집 2곳과 음식점 1곳은 1990년대 말 이후에 모두 해안에 들어섰는데,[24] 이곳에서의 관광활동은 바다낚시와 조개잡이라는 체험활동과 대체로 연계되지 않을 뿐만 아니라, 수려한 자연경관 감상이라는 관광활동과도 직접적인 연관성이 있는 것으로 보이지 않는다. 또한 관광객들이 특수한 수산물의 음미를 위해 찾아오는 것이 아니라 단지 식사를 위한 것으로 볼 수 있다.

한편, 전업의 관광관련 활동 종사자들은 기존활동과 관광관련 활동 병행의 경우와는 달리 모두 이주민이고, 제주시, 인근의 남제주군 성산리와 북제주군 하도리 등에서 통근하고 있다.

요컨대, 종달리 어촌의 관광지화는 대체로 관광기능의 위치인 바다와 해안에 따라 차이를 보인다〈표 Ⅳ-16〉. 1990년대 초에 시작된 바다의 체험형 낚시 관광은 어로와 농사를 병행하는 겸업어업 종사자가 참여하는데, 관광관련 활동은 기존의 생산활동 기간에 거의 영향을 미치지 않으며 둘은 보완관계를 이루고 있다. 1990년대 말에 출현한 해안의 수산물 조리점에는 어업종사자가 참여하지 않고 있는데, 이는 기존생산활동이 어로, 잠수, 농

---

24) 횟집 가운데 1곳은 어촌계 소유의 횟집으로 1990년대 중반 잠수들이 공동으로 참여하여 운영하기 시작하였으나, 이용자 부족, 운영 미숙, 참여잠수에 대한 경시풍조 등의 이유로 유지되지 못하고 1990년대 말 개인에게 임대되고 말았다. 이 밖에도 이용자 부족으로 문을 닫은 전업의 관광기능으로는 1990년대 말에 출현하였던 기념품점이 있는데, 이는 종달리의 대표적 관광활동인 맛조개잡이 또는 바다낚시와는 어울리지 않는 것에서 비롯되었다고 볼 수 있다.

사 등 여럿이 병행되는데다 해안의 관광활동이 바다와 연계되지 못하는 것에서 비롯된 것이라 할 수 있다.

〈표 Ⅳ-16〉 관광기능 위치에 따른 기존활동과 관광관련 활동 간 관계의
변화(종달리 어촌)

관광촌화 변수	관광촌화 이전 → 관 광 촌 화 이 후		
변화 시기(연대)	'90초	'90중	'90말
기능위치(공간)		바다 → 바다·해안 →	해안
기능관계(활동)	기존 →	기존+관광 →	관광

4. 해안지향 관광어촌
: 서귀포시 중문동과 대포동[25)]

서귀포시의 중문동과 대포동 어촌의 관광지화는 마을 내부의 어업관련 관광자원보다는 마을 외부의 '중문관광단지' 입지가 지배적 영향을 미치며, 두 곳의 대표적 관광기능은 모두 해안에 위치하는 수산물 조리점이나 횟집이다〈그림 13, 그림 15〉. 두 어촌은 인접[26)]한 마을이나, 중문동과 대포동의 관광기능은 각각 중문관광단지의 내부와 외부에 위치해 있고 도보통행이 불가능할 정도로 떨어져 있다. 이러한 두 어촌의 관광지화 과정에 대한 비교를 통해 해안지향 어촌의 관광지화에 대해 분석하고자 한다.

---

25) 법정동인 중문동을 구성하는 자연촌락은 베릿내(성천동), 중문본동, 사좌동 등이며, 중심어촌인 베릿내는 배후어촌과 꽤 떨어져 있어 도보통행이 불가 능한 정도이다. 한편, 대포동은 행정동인 중문동에 포함되는 법정동이다.
26) 두 마을은 밀접히 관련되었는데, 이는 관광촌화 직전 베릿내 어촌의 가구 주 출신지가 전체 11명 가운데 6명이 대포동이었다는 것에서도 유추할 수 있다. 중문관광어촌(주), 1991, 베릿내(星川浦) 학술조사보고서, pp.45-46.

1) 서귀포시 중문동[27]

중문동 어촌은 관광개발로 인해 주민 전체의 이주를 초래한 곳이다.[28] 중문관광단지 개발의 일환으로 어촌 생활공간에 '어촌박물관'과 호텔이 들어섬에 따라 모든 주민은 이주하여야만 하였다. 집단이주에 따라 중문동을 떠나거나 중문동에 거주하더라도 어업을 포기함으로써, 현재의 잠수와 어로활동 종사자 가운데 베릿내에 거주하였던 이는 각각 1명씩만 존재할 뿐이다. 결국, 베릿내 어촌 주민은 관광개발로 인해 거주공간뿐만 아니라 어업공간도 잃게 된 것이라고 할 수 있다.

(1) 기존생산활동 간 결합

관광지 개발 직전인 1987년의 중문동 어촌은 11가구, 27명이 거주하는 작은 마을이었다. 당시 주민들의 생산활동을 가구주의 직업으로 본다면, 어업활동과 관련된 가구가 농업·어업 2가구, 잠수 1가구, 수산물 상인 1가구, 잠수 은퇴집단 4가구 등 모두 8가구가 있었고, 농업종사 가구가 농업·어업 2가구, 농업 2가구 등 모두 4가구였다.[29]

---

27) 중문이라는 지명은 과거의 중문면과 중문리, 현재의 행정동과 법정동, 자연촌락인 중문본동 등 다섯 곳에 쓰이고, 이중 공간적 범위가 일치하는 것은 과거의 중문리와 현재의 법정동뿐이므로, 무려 네 경우가 서로 다른 공간적 범위를 가지고 있다.
28) 중문동 어촌의 관광개발 목적은 1985년 제주도종합개발계획에 의하면 기존 어촌공간을 보존하는 것이었고, 이에 따라 '민속어촌마을' 계획부지도 다른 업체의 1/3 정도 가격에 분양이 이루어졌다. 그러나 1990년의 사업계획에는 기존의 '민속촌'(11,373㎡)에다 '한국전통호텔업'(23,150㎡)을 추가함으로써, 주요 목적이었던 전통 어촌의 재현을 위한 공간은 호텔이 집중된 중문관광단지 안에 또 하나의 호텔 건축을 위한 공간보다 작아지게 되었다(지연희, 1994, 지역개발과정에서의 정부의 역할에 대한 연구: 중문관광단지 개발 사례를 중심으로, 연세대학교 석사학위논문, pp.51-52.).
29) 중문관광어촌(주), 1991, 베릿내(星川浦) 학술조사보고서, p.45.

<그림 13> 중문동 어촌의 관광기능 분포 변화

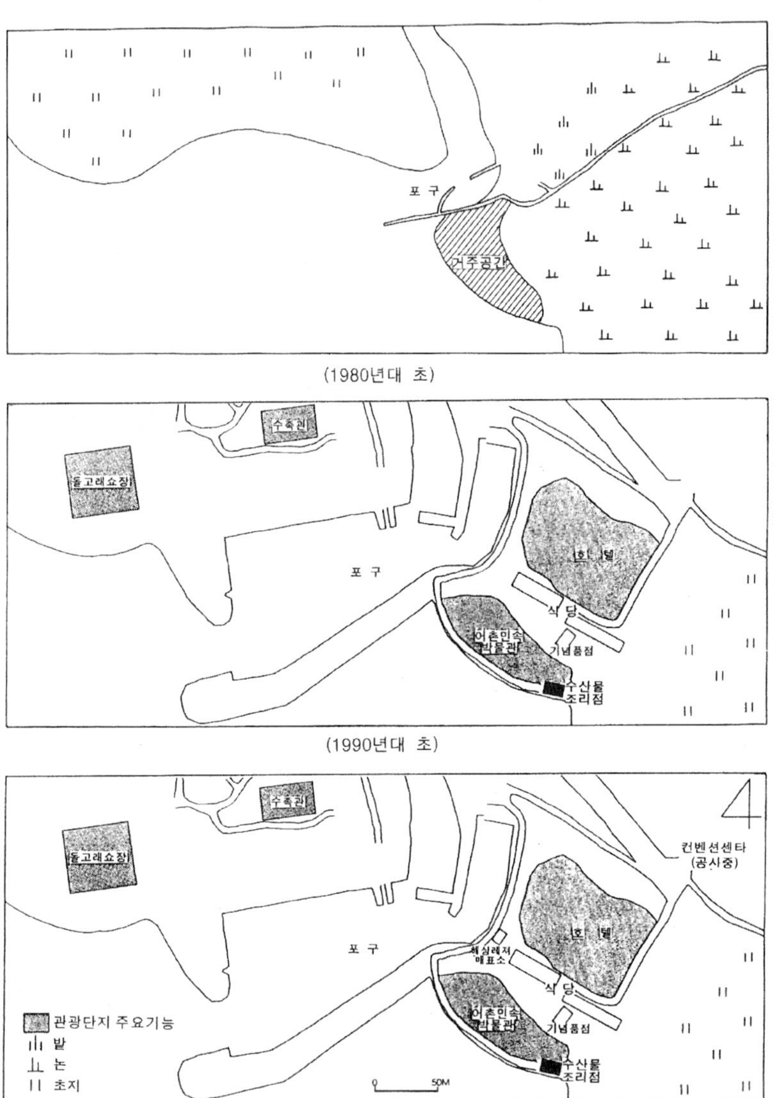

자료: 1:5,000 지형도(국립지리원, 1986년, 1995년), 주민 면담

　개발 직전 어업과 농업에 주로 종사하였던 중문동 어촌 주민의 생산활동 규모는 어선과 경지의 규모로써 파악하고자 한다. 어업활동에 있어 베릿내 포구를 이용하는 어선은 1톤 2척, 1~2톤 1척, 2톤급 3척, 3톤급 2척 등 모두 8척이나, 2톤급 어선 1척만 베릿내 주민이 소유한 것이며, 그나마 배후 어촌인 중문본동 주민과의 공동 소유이다. 농업활동에 있어 가구당 평균 경지규모는 농지소유 가구만을 대상으로 하더라도 850평에 지나지 않을 뿐만 아니라, 경지를 소유하지 않는 가구도 반 정도에 이르고, 마을 전체의 밀감 농사 면적도 450평밖에 되지 않는다. 따라서 중문동 어촌의 어업과 농업 활동의 규모는 매우 영세했던 것으로 볼 수 있다.

　관광관련 활동 종사 직전의 기존생산활동 간 병행에 대한 분석은 중문동 어촌의 관광기능인 수산물 조리점과 바다낚시의 종사자로 나누어진다.

　수산물 조리점 종사자[30]의 기존생산활동 간 병행은 가구단위의 어로, 농사, 잠수 등의 병행이 2가구이고, 여성단위의 잠수와 농사의 병행이 10가구이다.

　바다낚시 종사자의 기존생산활동 간 결합에 대해서는 어로집단 중 바다낚시 비종사자와의 비교를 통해서 살펴볼 수 있다. 어로집단의 기존생산활동 간 결합에 있어 바다낚시의 참여집단은 비참여집단과는 달리 어로활동 외의 다른 생산활동에는 대개 참여하지 않고 있다. 이는 바다낚시에 참여하지 않는 어로집단이 바다낚시외의 다른 생산활동을 병행하는 것과 마찬가지로, 바다낚시 외의 다른 생산활동을 병행하지 않는 어로집단은 바다낚시를 병행하는 것이라고 할 수 있다.

　한편, 어로활동 전체 집단에 있어 기존생산활동 간 병행의 대부분을 차지하는 것은 어로와 농사, 어로와 농사와 잠수 등의 결합으로, 이는 성별 분업의 형태로 이루어지고 있다〈표 Ⅳ-17〉. 남성은 어로에만 참여하고, 여성은 농사와 잠수에 종사하고 있는데, 남성의 농사 참여는 농지규모가 매우 작아 밀감 수확철에 거들어주는 정도에 불과하므로 이루어지지 않은 것

---

30) 수산물 조리점에 참여하는 잠수들은 대부분 집단이주 이전부터 베릿내가 아닌 중문본동에 거주하던 이들이다.

으로 간주했다.

〈표 Ⅳ-17〉 기존활동 간 결합별* 겸업 단위와 종사자 분포

〈수산물 조리점 참여집단〉

기존활동 간 결합	겸업 단위	종사자 분포	
		중심어촌	배후어촌
잠수, 농사	여성		10
잠수, 어로, 농사	가구		2

〈낚시참여 어로집단〉

기존활동 간 결합	겸업 단위	종사자 분포	
		중심어촌	배후어촌
어로			3
어로, 농사	가구		1

〈낚시비참여 어로집단〉

기존활동 간 결합	겸업 단위	종사자 분포	
		중심어촌	배후어촌
어로, 농사	가구		7
어로, 농사, 잠수	가구		2
어로, 장사	가구		1
어로, 낚시점	가구		1

* 생산활동이 병행되지 않는 경우도 포함됨.
  자료: 주민 면담

(2) 기존생산활동과 관광관련 활동 간 결합

중문관광단지 개발의 영향으로 1990년대 초반에 출현한 관광기능은 수산물 조리점과 바다낚시이다.

수산물 조리점 입지는 인접한 관광활동의 영향을 받은 것으로, 조리점 이용자들의 관광활동은 '어촌박물관' 감상, 해상레져[31] 또는 바다낚시, 중문

---

31) 패러 세일링, 제트 스키 등 해상 레져활동이 여름철에 많이 이루어지는데,

관광단지 숙박 등 대체로 셋으로 나눌 수 있다. 수산물 조리점은 1990년대 초 임시건물에서 시작되었으나, 1999년 이후에는 잠수 15명 중 12명의 공동출자와 보조금에 의해 상시적으로 운영되고 있다.[32] 수산물 조리점에 참여하는 잠수들은 세 조로 나누어 교대로 점포에 나옴으로써, 수산물조리점 참여활동과 잠수어업[33]을 시간적으로 병행한다. 수산물 조리점에 나오는 날짜가 잠수작업 기간과 겹치게 되면, 해당 조의 일부는 잠수작업에 참여하고, 일부는 수산물조리점 일을 하게 된다.

한편, 잠수들의 연령은 모두 40대 이상이고, 40대에 해당되는 잠수도 전체 15명 가운데 3명(20.0%)에 지나지 않아, 제주도 잠수의 고령화 추세가 반영되어 있다.

<그림 14> 중문동의 잠수 漁業曆

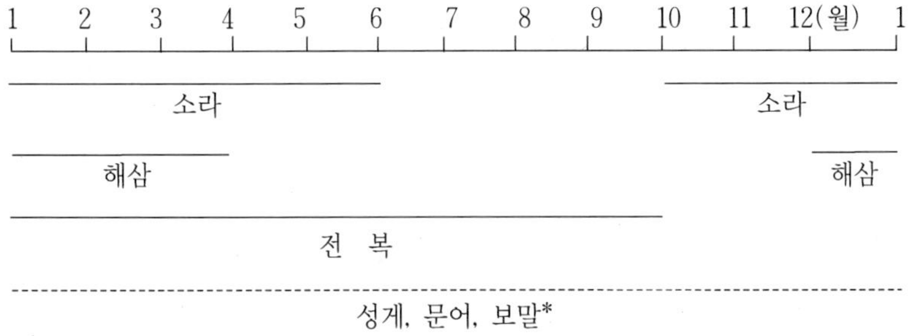

| 1 | 2 | 3 | 4 | 5 | 6 | 7 | 8 | 9 | 10 | 11 | 12(월) | 1 |

소라   소라

해삼   해삼

전 복

성게, 문어, 보말*

* 작업이 드물게 이루어짐을 뜻함.
　자료: 주민 면담

바다낚시는 1980년대 말에 처음 시작되었고, 1990년대 초에 본격화되었

─────────────

이와 관련된 임시 건물이 해안에 들어서 있다.
32) 잠수들은 인근 주상절리의 관광객을 대상으로 하는 수산물 판매에도 관여한다. 승용차 출입이 가능한 곳과 도보 출입이 가능한 곳에 각각 한 사람씩 배치되어 있다.
33) 잠수 작업은 대체로 일주일 주기로 연중 반복된다<그림 14>. 그리고 잠수어업의 작업 가능기간은 1980년대 후반부터 매월 18일에서 14일로 줄어들었는데, 이는 자원감소와 잠수들의 건강 문제에서 비롯된 것이다.

다. 낚시어선은 전체 어선 12척 가운데 4척이고, 관광객은 가족과 친구 단위로 여름철에 많다. 여름철의 낚시관광은 낮과 밤에 따라 차이를 보인다. 낮에는 어랭이, 놀래기, 우럭 등을 대상으로 하는 체험형 낚시로, 중문동에서는 가장 많이 이루어지는 낚시관광인 반면, 밤에는 한치, 갈치 등의 채낚기에 나서는 취미형 낚시에 해당된다. 그리고 낮의 바다낚시에 참여하는 어로활동 집단은 바다낚시 시기의 어로활동인 밤의 한치잡이에는 많이 참여하기가 힘들게 되므로, 바다낚시에 참여하지 않는 어로활동 집단에 비해 덜 참여하고 있다.

요컨대, 기존생산활동과 관광관련 활동의 병행은 성별에 따라 차이를 보인다. 여성은 바다의 잠수어업과 해안의 수산물 판매활동을, 남성은 바다의 어로활동과 낚시를 병행한다.

2) 서귀포시 대포동

대포동의 포구가 위치한 해안은 주민들이 대부분 거주하는 곳과는 도보 통행이 어려울 정도로 많이 떨어져 있고, 하나의 자연촌락을 형성하는 것도 아니다.

관광관련 활동의 종사형태별 출현 시기는 전업의 관광관련 활동이 1990년대 중반이고〈그림 15〉, 기존생산활동과 관광관련 활동의 병행이 1990년대 말이므로, 관광관련 활동에 대한 기술에 있어서는 전업의 관광관련 활동에 대해 먼저 살펴보고자 한다.

〈그림 15〉 대포동 어촌의 관광기능 분포 변화

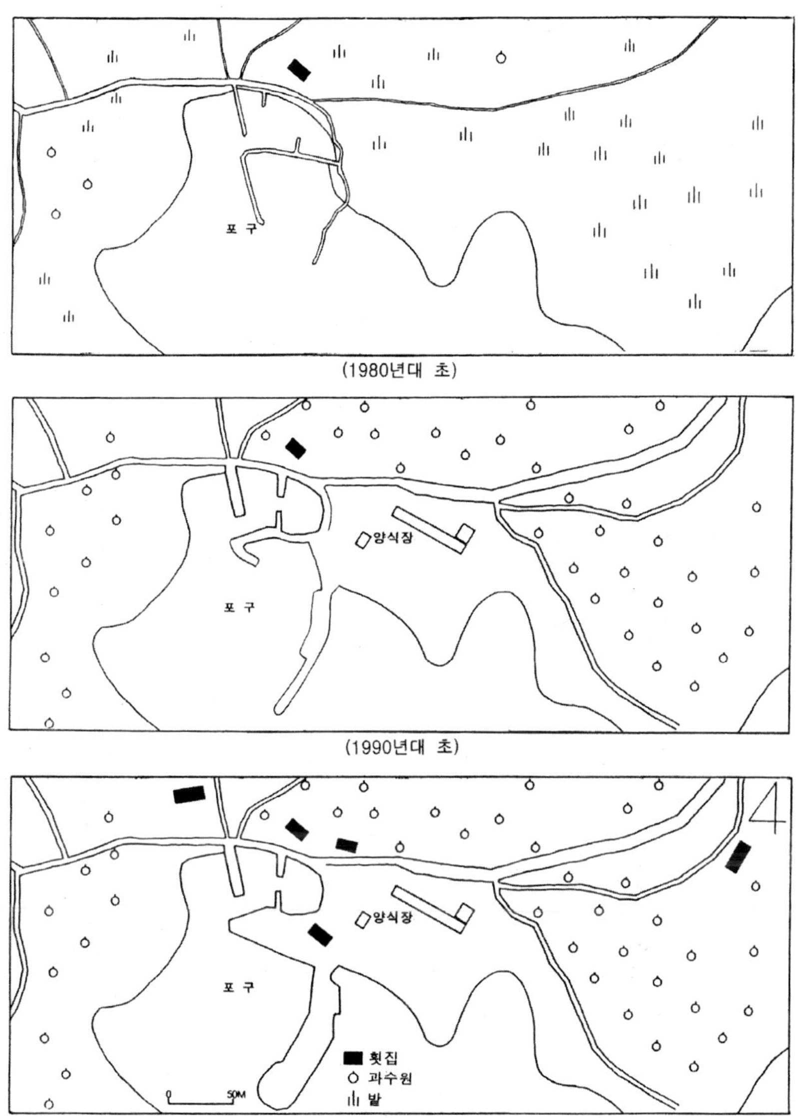

자료: 1:5,000 지형도(국립지리원, 1986년, 1995년), 주민 면담

(1) 기존생산활동 간 결합

관광관련 활동 종사 직전의 기존생산활동에 있어 횟집 종사자는 농업활동이고, 바다낚시 참여자는 어로활동으로서 차이를 보인다. 관광어촌에서의 대표적 기존생산활동은 어업이므로, 어로활동 종사자에 있어 바다낚시 참여집단과 비참여집단의 기존생산활동의 병행 간 비교를 통해 기존생산활동 간 결합에 대해 살펴보고자 한다. 바다낚시 참여집단은 가구단위의 어로와 농사이고, 비참여집단은 가구단위의 어로와 농사, 어로와 잠수, 여성단위의 잠수와 농사 등이다. 즉, 두 집단 모두 농사활동은 병행하지만, 낚시 참여집단은 비참여집단과는 달리 잠수활동에는 종사하지 않고 있다〈표 Ⅳ-18〉.

〈표 Ⅳ-18〉 기존활동 간 결합별 겸업 단위와 종사자 분포

〈낚시 참여집단〉

기존활동 간 결합	겸업 단위	종사자 분포	
		중심어촌	배후어촌
어로, 농사	가구		3

〈낚시 비참여집단〉

기존활동 간 결합	겸업 단위	종사자 분포	
		중심어촌	배후어촌
어로, 농사	가구		12
어로, 잠수	가구		9
잠수, 농사	여성		6

자료: 주민 면담

(2) 전업의 관광관련 활동

대포동의 대표적 관광기능인 횟집은 모두 5곳인데, 출현 시기는 1980년대 초가 1곳,[34] 1990년대 중반이 3곳, 1990년대 말이 1곳 등으로, 1990년대

중반 이후에 본격화 되었다고 할 수 있다. 횟집 이용자들은 대부분 중문관광단지를 찾는 이들이다. 횟집을 이용하는 관광객 수는 계절에 따라 차이를 보이는데, 7월 중순~8월 중순 기간 동안과 12~5월에 수요가 많다. 특히 겨울에는 골프 관광객들이 많고, 이들의 지출액은 다른 관광객에 비해 높은 편이다. 횟집들은 중문관광단지를 오가는 승합차를 1대 이상씩 가지고 있으며, 호텔로부터 횟집까지의 교통편을 제공함으로써 관광밀집지구와의 거리를 극복하고 있다.

한편, 횟집에서 이용되는 수산물 가운데 대포동 어촌의 자연산과 양식산[35]은 드물고, 횟집 종사자들은 이전에 어업활동에 참여하지 않음으로써,[36] 횟집과 어업활동은 대체로 무관하다고 할 수 있다.

(3) 기존생산활동과 관광관련 활동 간 결합

1990년대 말 이후에는 바다낚시가 행해지는데, 이는 7~8월의 어랭이와 우럭을 대상으로 하므로 특화된 어종에 해당되지는 않는다. 바다낚시 어선은 모두 3척이고, 이들은 모두 어업과 농업을 병행함으로써 각 생산활동의 규모가 크지 않다. 즉, 어선규모는 3톤 미만이 2척, 3~5톤이 1척 등이고,[37]

---

34) 횟집이 처음으로 입지한 1980년대 초반에는 관광기능 밀집지구와의 관련성이 없었다.

35) 양식장 2곳이 횟집과 가까운 해안에 위치하며, 중문동과 대포동 주민에 의해 운영되고 있다. 한편, 양식장의 입지 과정에는 어촌계의 어업활동 피해에 대한 보상이 이루어졌으나, 어장 오염으로 인해 잠수들이 공동으로 생산해내는 톳은 멸종되었고, 이를 먹이로 하는 소라와 전복도 급격히 감소하였다. 이는 해안의 양식장과 더불어 가까이에 위치한 중문관광단지와 무관하지 않은 것으로 보인다.

36) 횟집 종사자의 이전 직종은 농사(3명), 부동산 중개(1명), 렌터카 회사 운영(1명) 등이다.

37) 2000년의 대포동 어선은 3톤 미만 18척, 3~5톤 9척, 5~10톤 6척 등 모두 33척인데, 어선규모에 따라 수산물 종류와 어로활동 시기는 차이를 보인다. 3톤 미만 어선은 주로 한치 어로활동에 7~11월 동안 종사하는 반면, 3~5톤 어선과 5~10톤 어선은 각각 옥돔·조기·부시리·돔·벤자리·우

밀감농사는 1000~2000평 정도에 지나지 않는다.

바다낚시 종사자들이 병행하는 한치잡이 시기는 7~11월로 바다낚시 시기인 7~8월과 겹치지만, 바다낚시와 한치잡이는 각각 낮과 밤에 이루어질 뿐만 아니라 바다낚시가 매일 이루어지는 것은 아니므로 바다낚시와 어로 활동은 시간적으로 병행할 수 있게 된다.

3) 중문동과 대포동 간 비교

중문동과 대포동 어촌의 관광기능 비교에 있어, 그 범주는 기능적 특성과 지역화 정도로 구분한다.

첫째, 기능적 특성은 중심어촌 외부의 관광기능 밀집지구인 중문관광단지와의 관련성과 접근성으로 나눈다.

어촌외부의 관광기능 밀집지구와의 관련성은 두 어촌의 수산물 조리점이 중문관광단지 내부의 수산물보다 저렴하며 바다를 바로 가까이에서 볼 수 있다는 점에서 비롯된다. 관광기능 밀집지구가 중문동과 대포동 어촌에 인접함으로써 수산물 조리점은 밀집지구의 부차적 기능으로서 입지하게 된 것이다. 즉, 관광밀집지구의 기능과 보완적인 관광기능은 지속되는 반면, 어울리지 않는 기능은 입지하기가 쉽지 않게 된다. 바닷가의 수산물 조리점은 관광밀집지구 기능을 보완함으로써 유지되고 있는 반면, 바다낚시는 관광밀집지구 기능과 어울리지 않음으로써 활성화되지 못하고 있는 것이다.

관광기능 밀집지구와의 접근성은 동일 관광지에서의 관광활동 가능범위인 도보 통행권을 고려한다. 첫째, 해안의 수산물 조리점에 대한 참여 양식

력과 갈치·옥돔을 대상으로 함으로써 3~10톤 어선은 연중 어로활동에 참여하게 된다. 결국, 3톤 이상의 어선은 어로활동이 연중 이루어짐으로써 바다낚시에 대한 참여 가능성은 매우 적어진다.

한편, 어업활동의 추이에 있어 어선 수는 1967년 16척에서 2000년 33척으로 증가하였다.

에 있어, 중문관광단지의 도보통행권에 위치한 중문동에서는 공동참여·겸업인 반면, 도보통행권 밖의 대포동은 개별참여·전업 형태이다. 해안 관광기능의 규모가 중문관광단지의 관광 영향권에서 멀어질수록 확대되고 있는 것이다. 둘째, 수산물 종류에 있어, 관광밀집지구에 바로 인접한 중문동의 수산물 조리점은 도보통행권을 벗어난 대포동에 비해서는 보다 특화되어 있다. 중문관광단지의 도보통행권 내부에서는 관광밀집지구의 상품과 차이를 보이는 반면, 외부에서는 그렇지 않은 것이다. 요컨대, 관광기능 밀집지구에서 멀어질수록 해안 관광기능의 규모는 커지고, 관광밀집지구 상품과의 차이는 적어지고 있다.

그리고 바다낚시의 출현 시기에 있어 중문동은 수산물 조리점의 출현과 같은 1990년대 초인 반면, 대포동은 횟집의 출현보다 늦은 1990년대 말이다〈표 Ⅳ-19〉. 이러한 차이는 중문동과 대포동의 낚시객이 대부분 중문관광단지를 찾는 관광객이므로, 관광밀집지구로부터 도보 통행권을 벗어나는 대포동 바다낚시는 관광밀집지구에 인접한 중문동보다 뒤늦게 나타난 것에서 비롯되었다고 할 수 있다.

둘째, 관광기능의 지역화 정도에 대한 비교인데, 이를 살피기 위한 지표로는 어업활동과의 관련성과 거주활동의 공간적 결합도를 들 수 있다.

관광관련 활동의 어업활동과의 관련성은 어업활동과의 병행정도와 어업생산물의 이용정도로써 살피고자 한다.

어업활동과의 병행에 있어 중문동과 대포동의 수산물조리점 참여자들은 차이를 보인다. 중문동의 수산물조리점 참여자들은 어업활동과 병행하는 반면, 대포동에서는 수산물조리점에 전업으로 참여한다. 즉, 중문동은 어업활동과 관광관련 활동을 병행하는 반면, 대포동에서는 관광관련 활동을 전업으로 하는 것이다. 중문동의 어업활동과 관광관련 활동의 병행은 잠수들이 수산물 조리점에도 참여하고 있는 것으로서, 이는 직접적으로는 중문관광단지와의 인접에서, 간접적으로는 잠수어업 외의 다른 생산활동인 밀감농사에 대한 참여 부진에서 비롯되었다고 볼 수 있다.

어업생산물의 이용정도에 있어 중문동 수산물조리점의 상품은 멍게와 낙지를 제외하고는 대부분 내부에서 조달되나, 대포동 횟집의 수산물은 마을에서 생산되는 수산물 종류가 한정되어 있어 대부분 외부로부터 반입되고 있다.

거주활동의 공간적 결합도에 있어서는 중문동의 수산물조리점 참여자들은 배후어촌에 거주함으로써 공간적으로 통합된 반면, 대포동은 공간적 통합뿐만 아니라 서귀포의 중심지와 제주시에서 통근함으로써 거주활동의 공간적 분열도 나타난다.

따라서 관광관련 활동의 지역화 정도는 어업활동과의 관련성이 높고 거주활동이 공간적으로 통합된 중문동 어촌이 대포동보다 높다고 할 수 있다.

〈표 Ⅳ-19〉 관광기능 위치에 따른 기존활동과 관광관련 활동 간 관계의 변화

〈중문동 어촌〉

관광촌화 변수	관광촌화 이전	→	관광촌화 이후	
변화 시기(연대)		'90초		
기능위치(공간)			바다	해안
기능관계(활동)	기존	→	기존+관광	

〈대포동 어촌〉

관광촌화 변수	관광촌화 이전	→	관광촌화 이후		
변화 시기(연대)		'90중	'90말		
기능위치(공간)		해안	→	바다	
기능관계(활동)	기존	→	관광	→	기존+관광

5. 해수욕장 인접 관광어촌
: 북제주군 조천읍 함덕리

함덕리의 인구는 1997년에 5,821명으로, 리 단위의 인구수로는 우리나라에서 가장 많은 편에 해당된다. 1997년의 인구는 30년 전의 5,479명에 비해 약간(6.2%) 증가한 반면, 같은 기간 동안 어촌계원 수는 89명에서 81명으로 약간(9.0%) 감소하였다.[38] 이는 함덕리가 북제주군에 속해 있지만 제주시와 가까운 위치로부터 비롯되었다고 할 수 있다.

함덕리는 1구, 2구, 3구, 4구 등으로 구성되어 있는데, 어항은 1구에 위치하고, 해수욕장은 3구와 4구에 걸쳐 있다〈그림 16〉. 어항이 위치한 1구는 중심어촌이고, 2구, 3구, 4구 등은 배후어촌에 해당되는데,[39] 해수욕장 개발이 시작된 1970년대 이후에는 생활의 중심이 1구에서 점차 2구와 3구 쪽으로 이동해갔다.

해수욕장으로 이름이 나게 된 것은 그 위치와 자연조건에서 비롯되었다. 위치는 제주시에서 동쪽으로 12km쯤 떨어져 중심도시로부터 비교적 가깝다. 자연조건은 모레사장이 넓고 물이 맑으며, 주위가 수려할 뿐만 아니라 바람을 막아주고 있어 해수욕장으로서는 최적이다. 해수욕장에 최초로 편의시설이 들어선 것은 1961년에 멸치어업이 소멸되면서이고,[40] 본격적인 해수욕장 개발은 1970년대 말~1980년대 초에 시작되었다. 1980년과 1998년의 해수욕장 이용객 수를 비교해보면〈표 Ⅳ-20〉, 함덕해수욕장 이용객 수는 55.5% 증가했으나, 제주도 전체의 해수욕장에 대한 함덕해수욕장 이용객의 비중은 41.9%에서 24.0%로 감소하였다.

---

38) 제주도, 각 년도, 제주통계연보.
　　水産業協同組合中央會, 각 년도, 漁村契現況.
39) 1~4구는 공식적인 자연촌락은 아니지만, 각 구별로 마을조직이 존재하고, 행사가 열리는 등 실질적으로는 마을처럼 구분되고 있다. 따라서 중심어촌과 배후어촌을 구분함에 있어서도 구를 공간적 단위로 삼았다.
40) 김순이 외, 1986,〈우리나라 으뜸마을〉咸德里, p.36.

〈표 Ⅳ-20〉 함덕해수욕장의 이용객 수 추이

연도	함덕해수욕장(A)	제주도 해수욕장(B)	A/B(%)
1980	48,865	116,603	41.9
1985	90,795	264,128	34.4
1990	180,380	519,159	34.7
1995	73,000	342,000	21.3
1998	76,000	316,453	24.0

자료: 제주도, 각 년도, 제주통계연보.

해수욕장과의 인접에 따른 관광기능의 어촌공간별 분포[41]를 살펴보면, 중심어촌에는 바다낚시와 횟집이, 배후어촌에는 바다낚시, 낚시도구 판매점, 횟집·수산물조리점, 민박 등이 위치하고 있다.[42] 한편, 해수욕장의 대표적 관광기능인 계절음식점[43]은 어업활동 또는 어업종사자와는 무관하므로 어촌의 관광기능으로 간주하지 않았다.

---

41) 함덕리의 해수욕장과 관련된 관광기능 위치는 해수욕장이 위치한 배후어촌과 그렇지 않은 중심어촌으로 구분할 수 있다.
42) 한편, 콘도시설은 '관광지구' 개발의 일환으로서 공동 사업자인 함덕리와 민간기업에 의해 1996년 착공되었으나 1998년 이후 민간기업의 자금난 등으로 중단된 상태이다.
43) 계절음식점은 해수욕장 개장 기간 중 45일 동안 한시적으로 영업이 이루어진다. 점포 임대는 1990년대 초부터 20여동 정도가 이루어지고 있는데, 2000년에는 20개 중에서 14개만 임대되었다. 음식점 운영자는 함덕리 주민과 타지 주민이 반 정도씩이다(함덕리 내부자료).

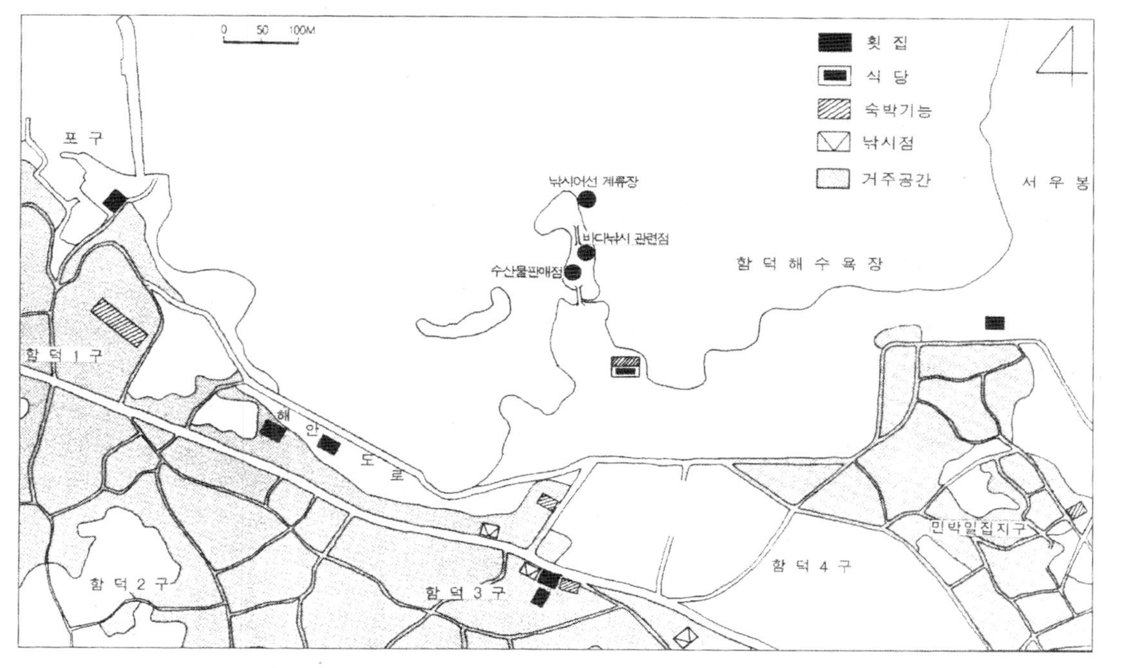

〈그림 16〉 함덕리 어촌의 관광기능 분포

1) 기존생산활동과 관광관련 활동 간 결합

해수욕장 관광관련 활동 가운데 어업종사자가 참여하고 있는 것은 대체로 민박과 바다낚시인데, 이들은 매우 강한 시간적 제약을 받으므로, 관광관련 활동과 기존활동의 병행은 대부분 시간적 차이로써 결합된다. 결합 내용을 위치별로 살펴보면, 해수욕장 인접공간의 민박과 거주, 바다의 낚시와 어로 등으로 구분된다. 이 밖에도 관광어촌의 관광관련 활동과 기존활동의 병행으로서 고려될 수 있는 것은 거주공간의 낚시점과 기타의 결합이다.

첫째, 민박과 거주의 병행이다. 민박은 1970년대부터 시작되었고 1990년 대부터 본격적으로 이루어졌다. 민박 가옥은 1994년에 60여 채[44]이던 것이 2000년에는 153채로 제주도에서 가장 많이 분포하는데, 해수욕장과 인접한 4구의 평사동과 3구에 많이 위치하고, 해수욕장에서 멀리 떨어진 1구와 2구에는 매우 드물다.[45]

민박공간은 해수욕장 관광객이 붐비지 않는 시기에는 거주공간으로 이용되는데, 거주공간의 이용주체는 가족 또는 세입자로 구분할 수 있다. 민박공간이 세입자의 거주공간으로 이용되는 경우는 민박시설이 비교적 잘 구비되어 있을 때이다.

둘째, 낚시와 어로의 병행이다. 바다낚시는 1980년대 중반에 시작되었고, 1990년대 중반에는 낚시어선이 17척으로 가장 많았다. 2000년의 바다낚시어선은 모두 12척으로 전체 어선 19척 가운데 63.2%를 차지한다.[46] 바다낚시의 근거지 위치는 낚시유형에 따라 차이를 보이는데, 취미형은 어항이고 체험형은 해수욕장[47]이다. 체험형 낚시는 주로 7~8월의 50일 정도 해수욕

---

44) 제민일보, 1994년 3월 4일자.
45) 민박 수입은 연간 100만 원 정도이고, '함덕민박마을협의회'는 민박요금에 대해서 2000년 현재 2인 1실당 19,000원으로 합의하고 있다.
46) 한편, 전체 어선 수의 추이는 1967년과 2000년이 각각 20척과 19척으로 거의 변화가 없다.
47) 해수욕장에서의 바다낚시를 위한 임시계류장, 구름다리, 진입로 등이 1990년대 중반에 완공되었는데, 이의 비용 부담은 국고 50%, 도비 45%, 어촌

객을 대상으로 하는데, 바다 구경, 낚시 체험, 수산물 음미 등의 욕구를 모두 충족시킨다. 7월 20일~8월 15일 즈음에 낚시어선은 하루 5회 정도 바다낚시객을 대상으로 운행하는데, 이 기간에 바다낚시 종사자는 바다낚시 외의 어로어업에는 대개 종사하지 않는다.

어로어업 종사자들은 바다낚시 참여집단과 비참여집단으로 구분되는데, 두 집단의 차이를 살핌으로써 관광관련 활동인 바다낚시가 어로 활동에 대해 갖는 의의를 파악할 수 있을 것이다〈표 Ⅳ-21〉.

〈표 Ⅳ-21〉 어로집단의 기존활동 간 결합별* 겸업 단위와 종사자 분포

〈낚시 참여집단**〉

기존활동 간 결합	겸업 단위	종사자 분포	
		중심어촌	배후어촌
어로		3	3
어로, 농사	가구	2	1
어로, 잠수	가구	1	
어로, 농사, 잠수	가구	2	

〈낚시 비참여집단〉

기존활동 간 결합	겸업 단위	종사자 분포	
		중심어촌	배후어촌
어로		5	1
어로, 잠수	가구	1	

* 생산활동이 병행되지 않는 경우도 포함됨.
** 관광관련 활동 종사 직전의 기존활동임
　자료: 주민 면담

어로활동 종사자 가운데 바다낚시 참여집단은 비참여집단에 비해 어로활동 이외의 생산활동 병행 비율이 높다. 바다낚시 참여집단은 어로뿐만 아니라, 농사, 농사와 잠수, 잠수 등에 참여하는데, 이는 어로와 낚시는 남성

계원 부담 5% 등으로 이루어졌다.

이, 잠수와 농사는 여성이 참여하는 성별 분업에 의해 이루어진다. 바다낚시 참여집단이 비참여집단에 비해 농사와 잠수에 많이 종사하는 것은 두 집단 간 어선규모의 차이와 관련이 있는 것으로 보인다. 바다낚시 참여집단의 4톤 이상 어선 비율은 8.3%(1/12척)인 반면, 바다낚시 비참여집단의 4톤 이상 어선의 비율은 42.9%(3/7척)로 적지 않은 차이가 나타난다. 따라서 어로활동의 규모가 작을수록 바다낚시뿐만 아니라 다른 생산활동에도 많이 참여하고 있는 것으로 생각할 수 있다.

한편, 두 집단의 거주지에 있어 중심어촌 거주자의 비율은 낚시 참여집단과 비참여집단이 각각 8/12명, 6/7명으로 모두 중심어촌인 경우가 많아, 바다낚시와 어로활동은 모두 어항으로부터의 거리 영향을 받고 있는 것으로 보인다.

그리고 바다낚시 근거지와 인접한 곳에서는 잠수어업 종사자들이 해수욕객을 대상으로 하는 수산물 조리점에 공동 참여하고 있는데, 참여 잠수 8명은 모두 농사에는 종사하지 않는다. 이는 함덕리의 대표적 농사인 밀감 및 마늘 재배[48]와 시간적으로 결합할 수 없기 때문인 것으로 보인다. 즉, 밀감재배가 연중 이루어지고〈그림 17〉, 마늘은 여름철에 파종함으로써, 농사와 수산물조리점 활동의 병행이 어렵게 되는 것이다.

---

[48] 1999년 기준으로 함덕리 주민 중 2/3 정도(전체 가구 1,305호 가운데 농가는 935호로 71.6%임, 함덕리사무소 내부자료)가 농업활동에 종사하는데, 이 가운데 4/5 정도는 평균 2~3천 평 정도의 밀감농사를 짓고 있다. 밀감농사는 1970년대 후반에 수박 재배를 대체하였는데, 시작 시기는 자연조건이 탁월한 서귀포와 남제주군 바로 다음에 해당된다. 1950년대 후반~1970년대 초의 농사가 여름의 수박, 가을의 김장배추, 겨울의 보리 등 3모작이 이루어졌던 반면(김순이 외, 1986,《우리나라 으뜸마을》咸德里, p.19.), 1970년대 후반 이후의 밀감 농사는 1년 내내 이루어지고 있다.
또한 1990년대 초에 재배하기 시작한 마늘도 밀감과 더불어 함덕리의 대표적 농작물에 해당된다.

〈그림 17〉 함덕리의 밀감재배 農事曆

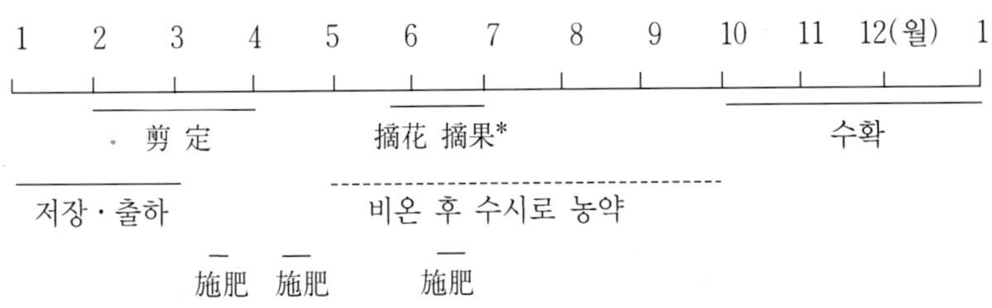

* 꽃과 열매가 너무 많아, 이를 솎아내는 일을 의미함.
  자료: 주민 면담

셋째, 낚시점과 기타의 병행으로 3사례가 해당된다. 이는 거주공간에 위치〈그림 16〉한 것으로, 관광기능인 낚시점과 중심기능인 전기 기기점, 가전품점, 잡화점 등이 각각 결합된다.

〈표 Ⅳ-22〉 관광관련 활동과 기존활동 간 결합별 비교

관광관련 활동과 기존활동	활동공간	겸업단위	출현 시기	종사자 수 분포	
				중심어촌	배후어촌
숙박, 농사	거주, 농업	가구	'70년대 중, '90년대 중		2
민박, 거주	거주		'70년대 말		
낚시, 어로	바다	남성	'80년대 중		
	바다	남성	'90년대 초	8	4
낚시점, 전기 기기점	거주	남성	'80년대 중		1
낚시점, 잡화점	거주	가구	'90년대 초		1
수산물조리점, 잠수	해안, 바다	여성	'90년대 초	4	4
횟집, 어로	거주, 바다	가구	'90년대 초		1
낚시점, 가전품점	거주	남성	'90년대 중		1
횟집, 농사	거주, 농업	가구	'90년대 말		1
횟집, 활어운반	해안, 촌외	가구	'90년대 말	1	

자료: 주민 면담

요컨대, 관광관련 활동과 기존활동의 병행에 있어 민박과 거주의 병행은 1970년대 후반 이후에, 낚시와 어로의 겸업과 수산물조리점과 잠수의 겸업은 각각 1980년대 중반과 1990년대 초반 이후에 시작되었고, 낚시점과 기타의 병행은 1980년대 중반 이후에 이루어졌다. 한편, 관광관련 활동과 기존활동 간 병행단위는 기존활동 간 병행에서의 가구 단위뿐만 아니라, 남성 단위와 여성 단위도 상당히 나타난다〈표 IV-22〉.

2) 관광관련 활동 간 결합과 전업의 관광관련 활동

관광관련 활동 간 병행은 남성이 종사하는 바다낚시와 그 아내들이 이와 관련된 매표, 수산물 조리 및 식사 제공 등의 결합으로 10년 전 정도에 시작된 것을 들 수 있다. 이러한 관광관련 활동 간 병행은 기존활동인 어로, 잠수, 농사 등과 보완관계를 이루고 있으며, 종사자는 배후어촌(4명)보다는 중심어촌(8명)에 많이 거주한다.

전업의 관광기능은 호텔·여관 3곳, 횟집 2곳 등 모두 5곳인데, 4곳이 1990년대 중반에 출현하였다. 해수욕장을 끼고 있는 곳의 전업 관광기능이 5곳이나 된다는 것은 여름철 해수욕장의 관광활동뿐만 아니라 주민의 일상생활과 관련되어 기능이 유지되고 있음을 의미하는 것이다. 여름철의 일시적 수요만으로는 임계치를 채울 수 없는 관광기능들이 여름철 이외에는 주민과 관광객을 상대로 하는 영업을 함으로써 부족한 임계치를 확보하고 있는 것이다.

요컨대, 해수욕장 관광활동의 강한 시간적 제약이 관광기능의 분포와 공간이용에 영향을 미치고 있다. 관광기능의 분포에 있어서는 대체로 일시적 관광기능과 상시적 관광기능이 각각 해수욕장과 거주공간에 입지한다. 공간이용에 있어서는 일시적 관광기능은 기존활동이 이루어지는 공간에서 병행되고, 상시적 관광기능은 중심기능과의 병행으로 기능유지에 필요한 최소 수요자를 확보하고 있다.

한편, 기존활동으로부터 관광관련 활동으로의 변화를 시기적으로 구분해 보면, 바다의 낚시가 시작된 1980년대 중반 이후 관광관련 활동과 기존활동은 병행되었고, 관광관련 활동 간 병행은 바다낚시와 관련된 수산물 조리점이 출현한 1990년대 초 이후에 이루어졌으며, 전업의 관광관련 활동은 1990년대 중반 해안에서 나타났다〈표 Ⅳ-23〉.[49]

〈표 Ⅳ-23〉 관광기능 위치에 따른 기존활동과 관광관련 활동 간 관계의 변화
(함덕리 어촌)

관광촌화 변수	관광촌화 이전 →	관 광 촌 화	이 후	
변화 시기(연대)	'80중	'90초		'90중
기능위치(공간)		바다 →	바다·해안	⋯* 해안
기능관계(활동)	기존 →기존＋관광	→기존＋관광a＋관광b		⋯* 관광

* 점선은 그 변화의 강도가 실선보다 약함을 뜻함. 이는 해안의 관광기능이 그 유지에 필요한 수요자에 관광객뿐만 아니라 주민을 포함함으로써, 관광관련 정도가 약화된 것에서 연유함.

---

49) 생산활동 간 결합 형태 및 생산활동 종류에 따라 관광관련 활동 종사자의 출신지와 거주양식도 차이를 보인다. 관광관련 활동과 기존생산활동 간 병행과 관광관련 활동 간 병행의 종사자는 모두 토착민, 전업의 관광관련 활동인 횟집 종사자는 토착민 또는 도내이주민 등이고, 이들의 가구는 거의 함덕리에 거주한다. 반면에 전업의 관광관련 활동인 숙박기능 종사자는 모두 도외이주민이고, 인접한 제주시에서 통근하는 경우도 대규모 호텔 직원 일부에서 나타나고 있다.

6. 도서 관광어촌
: 남제주군 대정읍 마라리

모슬포에서 11㎞ 떨어져 있는 마라도는 중심도시인 대정읍에 일상적 통근 또는 통학이 불가능하나, 생산물의 판매나 급양 활동에 있어 하루에 왕래할 수 있으므로 연안도서[50]라고 할 수 있다.

마라도 상주가구의 변화를 10년 단위로 살펴보면, 1981년 20가구였던 것이 1991년에는 16가구로 감소했으나,[51] 2000년의 가구 수는 30가구로 1991년의 약 2배에 이르렀다. 현재의 가구수가 10년 전 정도에 비해 급격히 증가한 것은 관광지화에 따른 이주민 유입에서 비롯된 것이라 할 수 있다. 관광관련 활동 종사 가구는 전체 30가구 가운데 23가구(76.7%)이고, 관광관련 활동 종사가구 23가구 가운데 도외이주민과 도내이주민은 각각 6가구와 3가구로 이주민이 39.1%를 차지한다.[52]

관광지로서의 주요 매력은 낚시터와 국토의 최남단이라는 점이고, 이에 따라 관광활동도 차이를 보인다.

첫째, 마라도 낚시관광의 수요공간 범위는 전국적인데, 이는 주변 수심이 매우 깊고 특수한 어종이 서식하기 때문이다. 가파도와 마라도 사이의 평균 수심은 모슬포와 가파도 사이에 비해 아주 깊다. 마라도 낚시관광의 매력도를 더욱 높이는 요인은 긴꼬리 벵에돔이라 불리우는 어종에서 느껴지는 손맛이 매우 강하다는 것이다. 낚시 관광은 여름철의 체험형과 겨울철

---

50) 연안도서는 중심도시와의 거리에 있어 일상적 통행이 가능한 해안도서와 1일 통행이 불가능한 낙도의 중간에 해당되는 것으로 보았다.

51) 李起旭, 1984, 島嶼文化의 生態學的 硏究: 濟州島 隣近K島를 中心으로, 서울大學校 人類學科 碩士學位論文, p.15.
濟州文化放送株式會社, 1991, 濟州有人島學術調査, pp.281-282.

52) 관광관련 활동에 종사하지 않는 가구는 7가구로, 이 가운데 토착민은 6가구이다. 토착민은 마라도에 인접한 가파도와 모슬포에서 이주한 이들도 포함시켰다. 한편, 전체 20가구의 토착민 중 19가구가 친인척 관계로 이루어져 있다.

의 취미형으로 구분되며, 취미형 낚시객들이 많은 편이다. 낚시 관광객은 거의 민박시설을 이용하는데, 마라도 전체 관광객중 숙박 비율은 2000년 기준으로 7.2~8.0%(약 10,500여 명 정도)[53]이다.

둘째, 국토의 최남단이란 마라도의 위치가 관광객의 호기심을 자극하고 있다. 관광자원의 매력도는 일반적으로 자원 분포에 따라 차이를 보이며, 분포 자원에 대한 접근성 개선은 관광객 증가에 간접적 영향을 미치지만, 마라도는 국토의 최남단이란 불리한 접근성 자체가 관광자원 구실을 하고 있는 것이다. 국토의 최남단이라는 매력에서 비롯된 유람선 관광은 1992년부터 시작되어[54] 1990년대 중반에 본격화 되었고, 유람선을 타고 온 관광객들은 1시간 30분 동안 마라도를 구경하고 다시 유람선을 타고 나간다. 마라도를 왕래하는 선박편[55]은 연중 1/5 정도는 운항이 불가능하나, 1997~2000년 기간의 연평균 관광객 수는 대체로 15만 명 정도이다.[56]

---

53) 제주발전연구원, 2001, 자연친화적인 마라도 종합발전계획, p.134.
54) 1992년 5월부터 시작된 유람선 운행은 외지자본에 의한 개발을 반대하는 유람선 출발지(대정읍 상모리) 주민들의 반발에 부딪혀 그해 8월 중단되었다가 1993년 7월에 재개되었다(제민일보, 1993년 8월 10일자).
55) 마라도를 연결하는 선박은 관광객들의 대부분이 이용하는 유람선과 도항선이 있다. 유람선은 모슬포 송악산 선착장에서 하루 7회, 도항선은 모슬포항에서 하루 1~2회 출발한다.
56) 제주발전연구원, 2001, 앞의 책, p.87, p.105.

<사진 5> 유람선에서 내리는 마라도 관광객들(2002년 5월)

1) 기존생산활동과 관광관련 활동 간 결합

〈표 Ⅳ-24〉는 관광관련 활동과 기존활동 간 병행의 활동공간, 겸업단위, 출현 시기 등을 나타낸 것이다.57) 관광관련 활동과 기존활동 간 결합에 있어 가장 먼저 출현한 것은 1980년대 초의 낚시와 어로, 민박과 거주 등으로, 기존 활동이 이루어지는 장소에서 이와 유사한 관광관련 활동이 병행되었다. 1990년대 이후에는 대체로 여성과 남성이 각각 바다에서의 어업활동과 해안에서의 관광관련 활동에 참여하는데, 여성은 잠수어업에, 남성은 입도비 수납, 유람선 관련활동, 오토바이 운행, 자전거 대여 등의 관광관련 활동에 종사함으로써 가구단위의 겸업형태를 띠게 된다.

---

57) 관광관련 활동과 기존활동의 병행 주체는 모두 토착민이다.

<표 Ⅳ-24> 관광관련 활동과 기존활동 간 결합별 비교

관광관련 활동과 기존활동	활동공간	겸업단위	출현 시기	사례 수
민박, 거주	해안		'80년대 초	1
낚시, 어로	바다	남성	'80년대 초, 말, '90년대 중	2,3,1
잡화점, 잠수	해안, 바다	가구	'80년대 말	1
민박, 잠수	해안, 바다	가구	'90년대 초	1
입도비 수납, 잠수	해안, 바다	가구	'90년대 중	2
유람선관련활동, 잠수	해안, 바다	가구	'90년대 중	1
포장마차, 우편58)	해안	가구	'90년대 중	1
오토바이 운행, 잠수	해안, 바다	가구	'90년대 중	1
소각장, 어로*	해안, 바다	남성	'90년대 말	1
소각장, 잠수	해안, 바다	가구	'90년대 말	1

* 갯바위 낚시에 의한 어로활동임
　자료: 주민 면담

　잠수들은 대체로 관광관련 활동에 참여하지 않고 있다. 이는 여성의 경우에는 잠수활동만으로도 생계를 유지할 수 있기 때문인 것으로 보인다.

　2000년 현재 총 10명이 참여하는 잠수어업의 주요 수산물은 소라, 전복, 성게, 오분자기 등인데, 소라가 1/2 이상이고, 전복은 1/5 정도를 차지한다. 수산물은 대부분 마라도의 횟집, 식당 등에 판매하며, 잠수어업의 소득은 한달 평균 100만 원 정도를 상회하고 있다.

　잠수어업은 연중 이루어지는데 <그림 18>, 매달 음력 5~14일과 20~29일59)에 걸쳐 20일 정도 작업이 가능하다. 한 달 가운데 작업이 없는 10일 동안, 10명의 잠수들 중 4명은 자녀들의 거주지인 대정읍에서 머물렀다 돌아온다.

---

58) 이전에는 학교, 우편, 마을 등과 관련된 업무를 모두 동일인이 담당하였었으나, 주민 의견에 따라 우편 업무만 담당하고, 나머지는 다른 사람이 맡게 되었다. 면적이 작은 섬의 수산자원과 일거리는 제한되어 있어 마을 전체의 일거리에 대한 분배 장치가 마련되어 있는 것이다.
59) 음력 5~14일과 20~29일은 조류의 주기상 열한물에서 다섯물까지 해당된다.

〈그림 18〉 마라리의 잠수 漁業曆

| | 1 | 2 | 3 | 4 | 5 | 6 | 7 | 8 | 9 | 10 | 11 | 12(월) | 1 |

소라, 해삼   성게   오분자기   소라

전 복

톳   톳   미 역

자료: 주민 면담

   잠수어업에 종사하는 여성과 달리 남성은 어로어업의 쇠퇴로 관광촌화가 진전되기 이전에는 일거리가 부족하였다. 관광기능이 최초로 입지하기 시작한 1980년대 초 어로어업 종사자는 6명이고, 어선은 0.5톤과 1.5톤의 2척뿐이었다. 어로어업의 영세성은 포구의 입지에 불리한 지형조건에서 비롯되었고, 어업 규모는 대체로 자급 수준에 지나지 않았다.[60] 그리고 어선을 이용한 어로활동은 1990년대 말 이후에는 자취를 감추었고, 갯바위 낚시에 의한 어로활동만이 2명에 의해 이루어지고 있을 뿐이다.

   한편, 기존생산활동 가운데 농사는 해수와 바람이 심해 1980년대 중반부터 중단됨으로써, 농지는 대부분 초지로 변하고 말았다. 1980년대 초의 농작물은 고구마, 유채 등이었고, 여성과 남성이 모두 참여하였는데, 농업에 종사하는 가구는 다섯이었다.[61] 세 가구는 여성이 연로하거나 잠수능력이 없어 잠수어업이 불가능하고, 다른 두 가구의 여성은 잠수어업[62]을 병행하였다. 잠수어업이 불가능함으로써 농사를 짓는 경우가 반 이상인 점을 고려하면, 여성이 참여하는 생산활동인 농사와 잠수어업에 있어 비교우위는 잠수어업에 있었다고 할 수 있다.

---

60) 李起旭, 1984, 앞의 논문, p.25.

61) 李起旭, 1984, 앞의 논문, pp.21-23.

62) 1980년대 초 잠수어업 종사자는 18명이었고, 이들은 전체 20가구 가운데 15가구의 여성으로 구성되었다. 연령 분포는 16~76세로 노소 구분없이 섬에 거주하는 여성은 잠수능력만 있으면 모두 종사하였다(李起旭, 1984, 앞의 논문, pp.26-29).

2) 관광관련 활동 간 결합

관광객의 급격한 증가가 나타나기 직전인 1990년대 초에는 동일 건물에서 하나의 활동이 이루어지는 경우는 2곳이고, 여러 활동이 병행되는 경우는 4곳에 이른다. 하나의 활동이 이루어지는 것은 횟집과 민박이고, 여러 활동이 병행되는 것은 횟집과 민박과 잡화점(2곳), 횟집과 민박(1곳), 민박과 잡화점(1곳) 등으로 결합되어 있다. 이는 1980년대 낚시와 민박 중심의 관광관련 활동이 1990년대에 이르러 유람선에 의한 감상 위주의 관광이 시작됨으로써 횟집 및 잡화점의 관광관련 활동과 결합되면서 나타난 변화라고 할 수 있다〈표 Ⅳ-25〉.

〈표 Ⅳ-25〉 관광관련 활동 간 결합별 비교

관광관련 활동 간 결합	활동공간	겸업단위	출현 시기	사례 수
민박, 잡화점	해안	여성	'80년대 말	2
민박, 잡화점 (잠수) *	해안	여성	'80년대 말	1
횟집, 민박, 잡화점	해안	가구	'90년대 초, 중	2, 1
횟집, 민박	해안	가구	'90년대 초, 중	1, 1
식당, 민박, 잡화점	해안	가구	'90년대 중	1
횟집, 낚시, 민박, 잡화점	바다, 해안	가구	'90년대 말	2
낚시, 낚시점	바다, 해안	남성	'90년대 말	1
횟집, 낚시, 민박, 낚시점	바다, 해안	가구	'90년대 말	1
자전거 대여, 민박	해안	가구	'90년대 말	1

* 기존활동인 잠수활동을 병행하는 경우임.
　자료: 주민 면담

<그림 19> 마라리의 관광 및 주요 기능의 분포

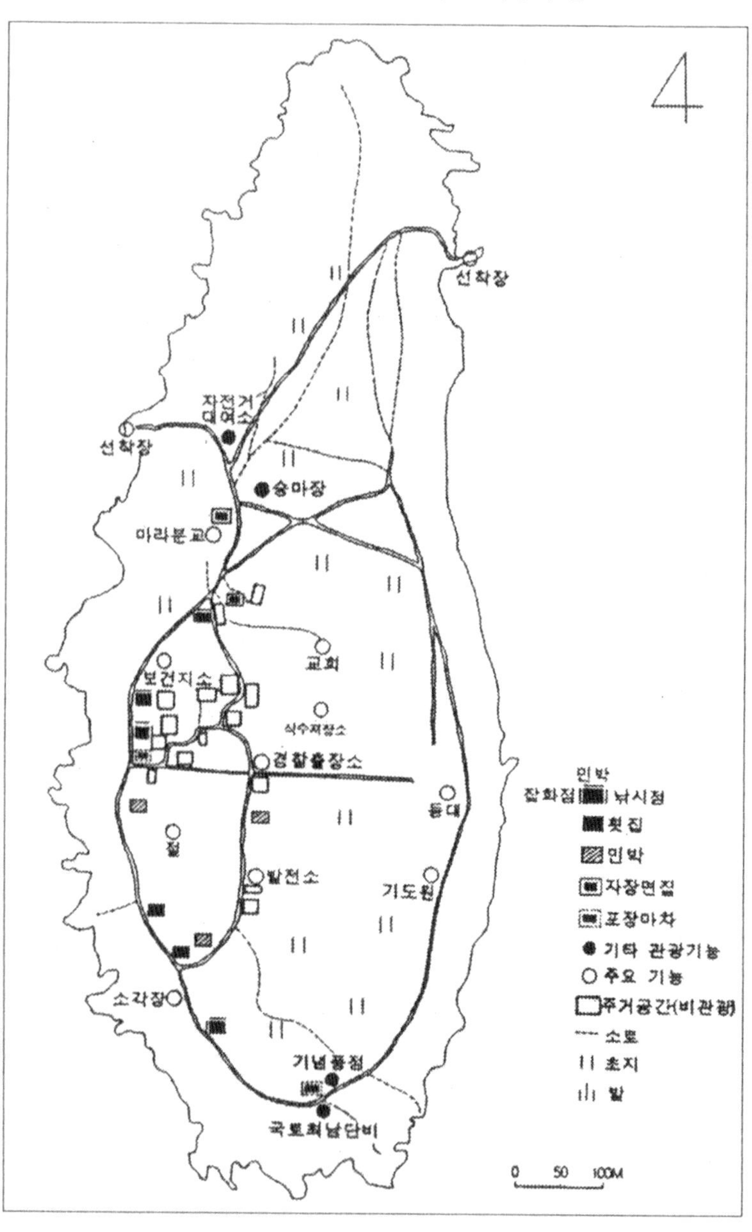

관광관련 활동 간 병행의 특징을 기존활동과 관광관련 활동 간 병행과 비교해 보면, 공통점은 가구 단위의 겸업이 많다는 것이고, 차이점은 생산활동 병행이 이루어지는 곳이 바다(8사례/16사례) 또는 바다·해안(8사례/16사례)으로부터 해안(10사례/14사례)으로 바뀐 것이다. 그리고 1990년대 말에는 관광관련 활동 병행의 위치가 이전의 해안과는 달리 해안뿐만 아니라 바다로도 확대되었는데, 이는 횟집과 민박과 낚시점(잡화점)을 병행하는 이들이 낚시용 보트를 구입하여 낚시객들을 갯바위로 안내하는 것에서 연유한다.

한편, 관광관련 활동을 병행하는 이들의 출신지와 거주지는 시기별로 차이를 보인다. 1990년대 중반을 기준으로 이전에는 토착민들이, 이후에는 이주민들이 주로 참여하였고, 거주지에 있어서도 대체로 토착민들은 마라도에, 이주민 가족들은 마라도와 濟州島에 나누어 거주한다.[63)]

3) 전업의 관광관련 활동

1990년대 말의 유람선을 이용한 관광객의 급격한 증가는 이전의 관광관련 활동과는 많은 차이를 가져오고 있다. 관광객의 급격한 증가가 나타나기 직전인 1990년대 초와 그 이후인 2000년의 관광기능 분포에 있어 뚜렷한 차이를 보이는 것은 2000년에는 1990년대 초에 비해 하나의 관광관련 활동이 이루어지는 곳이 많이 증가하였다는 점이다〈그림 19〉.

2000년 현재 동일 장소에서 하나의 관광관련 활동이 이루어지는 곳은 모두 12곳으로, 민박 3곳, 횟집 2곳, 자장면집 2곳, 포장마차 2곳 등과 더불어 기념품점, 자전거 대여소, 승마장 등이 1곳씩 분포한다.[64)] 한편, 동일 장소

---

63) 토착민들은 1명을 제외한 4명 모두 1990년대 중반 이전에 관광관련 활동에 참여하기 시작하였고, 거주지는 모두 마라도이다. 이와 반면에 이주민들은 6명 가운데 4명이 1990년대 중반 이후에 관광관련 활동에 참여했고, 가족들의 거주지는 마라도와 濟州島로 나누어진다.

64) 1990년대 중반 이후 대규모 유람선 관광이 시작되면서 관광관련 활동을 위한 시설물들이 난립하게 된 것은 60평 이하 또는 2층 이하 건축물은 신고

에서 여러 관광관련 활동이 이루어지는 장소는 4곳으로 1990년대 초의 경우와 동일하며, 그 활동의 내용도 횟집과 민박과 잡화점(2곳), 횟집과 민박, 횟집과 민박과 낚시점 등으로 1990년대 초와는 별 차이가 없다.[65]

전업의 관광관련 활동은 그 종류에 따라 출현 시기와 종사자 출신지가 차이를 보인다. 기념품·필름점, 승마장 등은 1990년대 중반에 이주민이 종사하기 시작한 반면, 유람선관련기능, 포장마차, 자전거대여점 등은 1990년대 말 토착민을 중심으로 운영되고 있다. 이는 이주민이 토착민의 참여가 기술적으로 용이하지 않은 부문에 먼저 참여하기 시작함으로써 비롯된 것이라 할 수 있다. 이 두 집단은 공간적 거주양식에 있어서도 차이를 보이는데, 이주민은 애월읍과 제주시에서 통근하거나 마라도에 일시적으로 거주하는 반면, 토착민은 모두 마라도에 거주한다.

〈표 Ⅳ-26〉 전업의 관광관련 활동별 출현 시기

관광관련 활동	출현 시기	사례 수
횟집	'90년대 초, 중, 말	1, 1, 1
기념품·필름점	'90년대 중	1
승마장	'90년대 중	1
유람선관련활동	'90년대 말	1
포장마차	'90년대 말	3
민박	'90년대 말	3
자전거 대여점	'90년대 말	2
자장면집	'90년대 말	2
관광시설 청소	'90년대 말	1

자료: 주민 면담

없이도 지을 수 있었기 때문이나, 2000년에 마라도 전체가 건축허가대상구역으로 지정됨으로써 자연경관과 어울리지 않는 건축행위가 제한되게 되었다(제민일보, 2000년 5월 18일자, 2000년 9월 1일자).

65) 관광기능은 대체로 서쪽에 밀집되어 있는데, 「보건지소」 남쪽의 음식점 또는 민박 중 1곳을 제외한 7곳에 모두 이주민들이 참여하고 있다. 이와 반면에 「보건지소」에서 「절」에 이르는 거주공간은 대체로 마라도의 중앙부에 위치하며, 모두 토착민들이 거주하고 있다. 따라서 이주민의 관광공간과 토착민의 거주공간은 분리되어 있다고 할 수 있다.

전업의 관광관련 활동 가운데 특히 매력적인 것은 자전거 대여점과 자장면 집이고, 잠수어업에 종사하던 이가 참여하는 것은 포장마차이다〈표 Ⅳ-26〉.

자전거 대여점과 자장면 가게는 청년들의 아이디어에 의해 시작된 것으로, 관광객들에게 신선한 매력을 제공하고 있다. 자전거 대여점은 1999년에 한명이 처음 시작하여 지금은 네 명이 참여하고 있을 정도로 관광객들이 많이 이용한다. 자전거를 도입하게 된 것은 마라도 관광에는 일주가 필수적이나, 유람선을 타고 오면 1시간 30분후에 다시 유람선을 타고 가야 하므로 40분 정도 소요되는 도보 일주가 관광객들에게는 부담이 되고 있다는 것을 주시하면서이다.[66] 자장면 가게는 민박, 식당, 상점, 낚시도구·텐트 대여 등을 복합적으로 운영해오던 청년에 의해 1990년대 말에 시작되었고, 지금은 모두 두 곳으로 늘어났다〈사진 6〉. 국토 최남단인 마라도에서의 자장면 식사가 불가능한 것으로 생각할수록 자장면의 매력은 증가할 것이고, 낚시를 하면서 식사를 해결해야 하는 관광객들한테는 배달이 용이한 자장면이 더욱 매력적이게 될 것이란 예상이 적중하였던 것이다.[67] 포장마차 3곳은 국토최남단비 옆에 위치해 있는데, 잠수어업 경력의 3명이 수산물을 개별적으로 판매하고 있다. 판매되는 수산물 가운데 멍게를 제외하고는 모두 이곳의 잠수들이 채취한 것이다. 한편, 잠수들이 공동으로 참여하는 수산물 조리점은 조만간 들어설 예정이라고 한다.

요컨대, 기존생산활동에서 관광관련 활동으로의 변화에 대한 시기 구분은 관광기능의 어촌공간상 위치에 따라 이루어질 수 있다. 관광관련 활동과 기존활동의 병행은 1980년대 초 이후의 바다와 해안의 관광기능이 입지함으로써 가능하였고, 관광관련 활동 간 병행과 전업의 관광관련 활동은 1980년대 말 이후의 해안 관광기능의 입지에 따라 이루어지게 되었다〈표 Ⅳ-27〉.

---

66) 제민일보, 2000년 5월 18일자.
67) 제민일보, 2000년 6월 6일자.

〈사진 6〉 마라도의 자장면집(2002년 5월)

〈표 Ⅳ-27〉 관광기능 위치에 따른 기존활동과 관광관련 활동 간 관계의
변화(마라리 어촌)

관광촌화 변수	관광촌화 이전 →	관 광 촌 화 이 후	
변화 시기(연대)	'80초	'80말	'90중
기능위치(공간)	바다·해안* →		해안
기능관계(활동)	기존 → 기존+관광	→ 관광a+관광b	→ 관광

* 1980년대 초의 관광기능은 낚시어선 2척과 민박 1곳으로 두 기능의 위치인 바다·
해안은 관광기능 위치변화에 있어 하나의 단계로서 성립하기 위한 요건(각 공간의
관광기능이 2곳 이상이어야 함)에 미치지 못하지만, 민박을 이용하는 이들이 낚시
어선 2척을 이용할 뿐만 아니라 낚시와 민박이 연계되어 있으므로 바다·해안을 하
나의 단계로 봄.

Ⅴ. 제주도 어촌의 관광지화에 따른 공간이용 변화

1. 생산활동의 병행양식 변화

1) 관광관련 활동의 어촌공간상 위치별 기존활동과의 관계

(1) 관광관련 활동의 어촌공간상 위치 변화

바다 및 해안 지향 어촌, 바다 지향 어촌, 해수욕장 인접어촌 등에 있어 관광기능의 위치는 모두 「바다→바다·해안→해안」이라는 변화를 보인다. 이와는 달리 해안지향 어촌과 도서어촌의 관광기능 위치 변화는 각각 「해안 (→) 바다」와 「바다·해안→해안」으로 나타나는데, 해안지향 어촌인 대포동에 있어 해안 횟집의 조기 출현은 인접한 관광기능 밀집지구의 영향을 받았고, 도서어촌인 마라도에 있어 바다의 낚시와 더불어 해안의 민박이 초기에 나타난 것은 어촌으로의 접근수단 한계에서 비롯되었다〈표 Ⅴ-1〉.

따라서 어촌의 관광지화에 있어 관광기능의 위치 변화는 일반적으로 「바다→바다·해안→해안」의 순서를 보인다고 할 수 있다. 이러한 어촌공간상의 관광기능 위치 변화에 있어 세 위치가 모두 나타나는 것은 아니며, 앞의 단계는 뒤의 단계가 시작되더라도 계속 이어지는 것이다.

〈표 Ⅴ-1〉 사례어촌별 관광기능의 위치 변화

사례 관광어촌	관광기능의 위치 변화
바다 및 해안 지향 관광어촌 (고산1리)	바다 → 바다·해안 → 해안
바다지향 관광어촌 (종달리)	바다 → 바다·해안 → 해안
해안지향 관광어촌	
개별 참여* (대포동)	해안 → 바다
공동 참여 (중문동)	해안　　바다
해수욕장 인접 관광어촌 (함덕리)	바다 → 바다·해안 ⋯** 해안
도서 관광어촌 (마라리)	바다·해안 → 해안

* 해안에 위치하는 수산물조리점의 운영에 대한 참여형태를 구분한 것임.
** 다른 경우의 변화에 비해 온전하지 않음을 의미함.

(2) 기존생산활동과 관광관련 활동 간 관계의 변화

기존생산활동과 관광관련 활동 간 관계는 기존생산활동이 어촌의 전체 주민 또는 관광관련 활동 종사자의 어·농업 활동인가에 따라 차이를 보이는데, 여기에서는 어촌의 관광지화에 따라 직접적인 변화를 보이는 관광관련 활동 종사자의 어·농업 활동을 대상으로 한다.[1] 그리고 기존생산활동의 관광화에 따른 변화 정도는 관광촌화 전후의 기존생산활동 종사 기간의 변화로써 파악할 수 있다. 기존생산활동 종사자가 새로운 관광관련 활동에

---

[1] 관광관련 활동 종사자의 어업활동 특히 어로활동 변화가 마을주민 전체의 변화로 파악되는 경우는 중심어촌 규모가 작고 관광기능이 많이 분포하는 고산1리라고 할 수 있다. 한편, 마라리의 어로활동 변화는 관광지화보다는 열악한 어업 및 생활 환경에서 비롯된 것으로 보인다.

종사할 때, 기존의 어·농업활동 종사 기간이 변화될 수 있는 경우의 수는 유지, 감소, 대체 등 셋이다. 기존생산활동 기간의 유지와 감소의 경우는 관광관련 활동이 기존생산활동과 보완관계를 이루는 것으로 대체관계와는 구분되는데, 기존 생산활동과 새로운 관광관련 활동의 기능관계는 관광촌화에 따라 보완관계에서 대체관계로 진행된다.[2]

　기존생산활동에서 관광관련 활동으로의 일반적인 기능변화 과정은 「기존활동→기존활동＋관광관련 활동→기존활동＋관광관련 활동a＋관광관련 활동b→관광관련 활동a'＋관광관련 활동b'→관광관련 활동」이고, 모든 단계가 출현하는 것은 아니며, 이러한 순서에 따른다는 것이다〈표 Ⅴ-2〉. 이러한 기능변화 과정은 관광관련 활동의 위험부담에 대한 대응에 있어 기존생산활동과 병행되는 관광관련 활동은 그 종류를 다양화하고, 기존활동이 관광관련 활동으로 대체되고 나면 관광관련 활동은 두 종류의 병행에서 한 종류의 규모 확대로 이어짐을 의미하는 것이라고 볼 수 있다. 일반적 기능변화 과정과 차이를 보이는 것은 관광기능 밀집지구에 인접한 해안지향의 개별참여 사례어촌에 해당되는 대포동 어촌의 「기존활동→관광관련 활동→기존활동＋관광관련 활동」이다. 이는 '중문관광단지'가 인접어촌의 관광기능에 지배적 영향을 미침으로써, 전업의 관광관련 활동인 횟집이 조기 출현한 것에서 비롯되었다고 할 수 있다.

---

2) 관광관련 활동이 기존생산활동을 대체한다는 것은 관광관련 활동 종사자만을 대상으로 하는 것이므로 어촌 전체의 어업활동이 관광지화에 따라 감소 또는 소멸됨을 의미하는 것은 아니다.

〈표 Ⅴ-2〉 사례어촌별 기존활동과 관광관련 활동 간 관계의 변화

사례 관광어촌	기존활동과 관광관련 활동 간 관계의 변화		
관광기능위치	바다 →	바다·해안 →	해안
바다·해안지향 어촌 (고산1리)	기존 →기존+관광	→기존+관광a+관광b*	→관광a'+관광b'*…→관광
바다지향 어촌 (종달리)	기존 →	기존+관광 →	관광
해안지향 어촌			
개별 참여 (대포동)	기존+관광←	—**	관광←기존
공동 참여 (중문동)	기존 →기존+관광	—**	기존+관광
해수욕장 인접 어촌 (함덕리)	기존 →기존+관광	→기존+관광a+관광b* … →	관광
도서 어촌 (마라리)	기존	—** → 기존+관광	→관광a+관광b* → 관광

* 「기존+관광a+관광b」와 「관광a'+관광b'」에 있어 관광a와 관광a', 관광b와 관광b'
등은 동일한 관광기능일 수도 있음.
** 관광기능의 위치에 있어 「바다」 또는 「바다·해안」의 단계는 해당되지 않음을 뜻함.

(3) 관광기능의 위치에 따른 기존생산활동과 관광관련 활동 간 관계

기존생산활동과 관광관련 활동 간 관계는 관광기능의 위치에 따라 차이
를 보이는데, 관광기능의 위치 변화에 따른 기존활동과 관광관련 활동 간
일반적 기능관계는 〈표 Ⅴ-3〉와 같이 나타낼 수 있다.

〈표 V-3〉 관광기능의 위치변화에 따른 기존생산활동과 관광관련 활동 간 관계

관광촌화 변수	관광촌화 이전→	관 광 촌 화　　이 후		
기능위치		바다 → 　바다·해안　→		해안
기능관계 (활동)	기존	→기존+관광 →기존+관광a+(관광b)*→ 관광a'+관광b'*→관광		
		보　완　　　　　　　　→		대체

* 「기존+관광a+관광b」와 「관광a'+관광b'」에 있어 관광a와 관광a', 관광b와 관광b'
  등은 동일한 관광기능일 수도 있음.

「바다」 단계는 기존활동과 관광관련 활동의 병행이, 「바다·해안」 단계
는 기존활동과 하나 또는 두 종류의 관광관련 활동 병행이, 마지막 「해안」
단계에서는 관광관련 활동 간 병행과 전업의 관광관련 활동이 이루어진다.
따라서 사례어촌의 관광지화에 있어 관광기능의 위치에 따른 기존생산활동
과 관광관련 활동 간 결합관계 변화는 「바다(기존활동+관광관련 활동)→
바다·해안(기존활동+관광관련 활동a+(관광관련 활동b))→해안(관광관련
활동a'+관광관련 활동b'→관광관련 활동)」으로 나타난다고 할 수 있다. 이
는 보완관계를 이루는 기존활동과 관광관련 활동의 병행에 있어 관광관련
활동 종류의 다양화는 관광기능 위치가 「바다·해안」인 단계에서 이루어지
고, 기존활동과 관광관련 활동의 보완관계가 대체관계로 바뀌는 것은 상시
적 관광기능이 많이 위치하는 「해안」 단계일 때임을 의미하는 것이다. 그
러나 중문동은 예외적으로 기존활동과 관광관련 활동의 보완관계가 「해안」
단계에서 나타나는데, 이는 해안 관광관련 활동의 공동 참여에 따라 종사
자별 관광관련 활동 규모가 적어짐으로써 기존활동을 병행하는 것에서 비
롯되었다.

　그리고 관광관련 활동이 기존생산활동에 미치는 영향력은 관광기능의 위
치에 따라 차이를 보인다. 〈표 V-4〉는 사례어촌의 관광기능 위치별 관광

관련 활동의 기존생산활동에 대한 영향 정도를 관광관련 활동 참여 이전과 이후의 어·농업활동 종사 기간의 비교를 통해 살펴본 것이다.

바다의 관광관련 활동이 기존생산활동 종사 기간의 변화를 가져오는 것은 어업활동의 감소와 농업활동의 대체이다. 어업활동의 감소는 고산1리, 중문동, 함덕리 등에서, 농업활동의 대체는 고산1리에서 나타난다. 그 밖의 사례에서는 바다의 관광관련 활동에 주로 기존생산활동 종사자가 참여하지만, 기존의 어업활동과 농업활동 종사 기간은 그대로 유지된다.

〈표 V-4〉 관광기능의 어촌공간상 위치별 어·농업 활동에 대한 영향 정도*

사례어촌	관광기능 위치	관광관련 활동 참여에 따른 어·농업활동의 종사 기간 변화	
		어업활동	농업활동
고산1리	바다	감소	대체
	해안	감소 대체	무관**
종달리	바다	유지	유지
	해안	유지 무관	유지 무관
중문동	바다	감소	유지
	해안	유지***	유지
대포동	바다	유지	유지
	해안	무관	대체
함덕리	바다	감소	유지
	해안	유지***무관	무관
마라리	바다	유지	무관
	해안	무관	무관

* 관광기능의 어·농업 활동에 대한 영향 정도는 관광관련 활동 참여에 따른 어·농업활동의 종사 기간 변화로써 살핀 것으로, 관광기능의 영향정도는 종사 기간의 변화가 많을수록 강하다고 할 수 있음.
** 기존생산활동 종사자가 관광관련 활동에 참여하지 않는 경우임.
*** 잠수어업의 경우임.

　해안의 관광관련 활동이 기존생산활동 종사 기간의 변화를 가져오는 것은 고산1리 어업활동의 감소 또는 대체, 대포동 농업활동의 대체이다. 그밖의 사례에 있어서는 기존생산활동 종사자가 해안의 관광관련 활동과 무관하거나 참여하는 경우는 기존생산활동의 종사 기간이 그대로 유지된다. 이는 고산1리와 대포동의 경우 다른 사례어촌과는 달리 해안의 관광관련 활동에 개별적으로 참여함으로써 기존생산활동의 종사 기간에 변화를 초래한 것으로 파악된다. 또한 해안의 관광관련 활동에 개별적으로 참여하기 위해서는 바다의 낚시에 비해 대체로 비용이 많이 소요되는데, 이의 충당은 고산1리는 바다낚시와의 병행으로, 대포동[3]은 감귤재배와 중문관광단지 개발에 따른 토지 보상으로 가능할 수 있었던 것으로 보인다.

　결국, 바다와 해안의 관광관련 활동 간 기존생산활동과의 관계에 있어 두드러진 차이는 바다의 관광관련 활동에는 모두 기존생산활동 종사자가 참여하는 반면, 해안의 관광관련 활동에는 기존생산활동 종사자와 무관한 경우가 많은 것이라 할 수 있다.

　그리고 관광관련 활동이 기존생산활동에 미치는 영향은 관광기능 위치가 바다 또는 해안이라는 것뿐만 아니라, 관광기능 입지를 가져오는 관광자원 위치가 중심어촌의 내부(고산1리, 종달리, 마라리) 또는 외부(중문동, 대포동, 함덕리)에 따라서도 차이를 보인다. 관광관련 활동 참여 이후 기존생산활동의 종사 기간 변화에 있어 유지 또는 무관을 제외한 감소 또는 대체만을 대상으로 한다면, 관광기능 입지에 영향을 미치는 관광자원의 위치가 중심어촌 내부일 때의 관광기능은 바다에서는 농업활동의 대체와 어업활동의 감소를, 해안에서는 어업활동의 대체 또는 감소를 가져온다(고산 1리). 그리고 관광기능 입지에 영향을 미치는 관광자원 위치가 중심어촌 외부일 때 즉, 관광자원이 인접함으로써 입지하게 된 관광기능은 바다에서는 어업활동의 감소를(중문동, 함덕리), 해안에서는 농업활동의 대체를(대포동) 초래한다〈그림 20〉.

____

3) 대포동은 새마을금고의 대출을 이용하는 경우가 매우 적은데, 이는 주민들의 충분한 자금 보유에서 비롯되었다고 한다.

 따라서 바다의 관광기능은 관광자원 위치가 중심어촌의 내부이면 외부일 때보다 기존생산활동에 대한 영향력이 커짐으로써 어업활동뿐만 아니라 농업활동에도 변화를 가져오는 것이라고 할 수 있다.[4]

〈그림 20〉 사례어촌의 관광관련 활동 위치별
어업·농업 활동의 종사 기간 변화

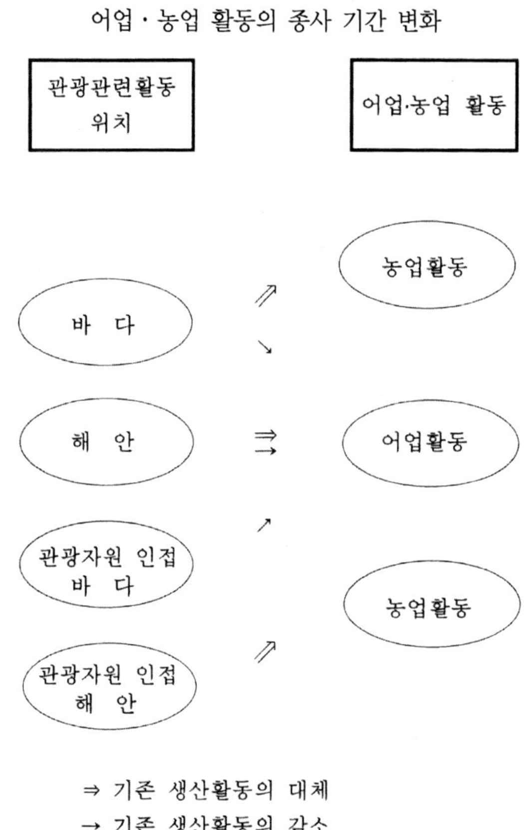

---

4) 바다 관광기능의 기존생산활동에 대한 영향력에 있어 어업활동보다는 농업활동에 변화를 가져오는 것이 더 크다고 할 수 있다. 이는 관광기능으로부터의 거리에 있어 어업활동보다는 농업활동이 더 떨어진 것에서 연유한다.

2) 생산활동의 병행 양식

겸업은 개인이 둘 이상의 생산활동에 종사하거나 부부가 각기 상이한 생산활동에 참여하는 것으로, 생산활동 종류가 상이하게 되는 것은 생산활동이 이루어지는 공간 또는 시간이나, 생산활동을 담당하는 사람이 차이를 보이기 때문이다. 따라서 겸업은 공간, 시간, 사람 등 셋 가운데 적어도 어느 하나의 영향으로 상이한 생산활동이 병행되는 것을 의미하며, 겸업양식에 대한 구분은 상이한 생산활동이 병행되도록 하는 요소인 공간,5) 시간, 사람 등의 조합으로써 이루어질 수 있다.

〈표 Ⅴ-5〉 공간, 시간, 사람 등의 조합에 의한 겸업양식의 구분

〈겸업이 성립하는 조합〉

구분 지표			겸업 양식
공간	시간	사람	
같음	다름	같음	시간적 겸업
같음	다름	다름	시간적[가구단위]겸업
다름	다름	같음	시간적·공간적 겸업
다름	같음	다름	공간적[가구단위]겸업
다름	다름	다름	시간적·공간적[가구단위]겸업

〈겸업이 성립하지 않는 조합〉

구분 지표			겸업이 성립하지 않는 이유
공간	시간	사람	
같음	같음	같음	개인 단위 전업
같음	같음	다름	가구 단위 전업
다름	같음	같음	생산활동 불가능

공간, 시간, 사람 등 세 요소의 조합으로써 이루어지는 경우의 수는 여덟

---

5) 공간에 대한 구분은 생산활동 종류의 차이가 현저하도록 바다, 해안, 농업공간 등으로 한다.

이다. 이 가운데 겸업으로서 성립하는 경우와 성립하지 않는 경우의 수는 각
각 다섯과 셋이다〈표 V-5〉. 겸업으로서 성립하는 경우 시간, 공간, 사람 등
의 세 요소 가운데, 시간이 다르면 시간적 겸업, 공간이 다르면 공간적 겸업,
사람이 다르면 가구단위 겸업이라 하고자 한다. 이 가운데 시간적 겸업과 공
간적 겸업은 개인 단위[6]의 겸업으로, 가구단위의 겸업과는 구분된다.

사례어촌 간 생산활동 결합양식의 특성 비교는 기존생산활동 간 결합,
기존생산활동과 관광관련 활동 간 결합, 관광관련 활동 간 결합 등으로 구
분하며, 생산활동 간 병행뿐만 아니라 전업의 관광관련 활동에 대해서도
살펴본다. 이는 앞 장에서의 사례어촌별 관광지화 과정에 대한 기술을 토
대로 하는데, 각 사례어촌의 생산활동 간 결합 가운데 매우 드문 경우는
사례어촌 간 겸업양식 비교에는 포함하지 않았다. 매우 드문 경우의 배제
를 위한 조작적 기준은 기존생산활동과 관광관련 활동의 결합형태에 따라
차이를 두었다. 기존생산활동 간 결합에서는 생산활동 두 종류와 겸업양식
이 동일한 경우가 하나 이하일 때이고, 관광관련 활동과 기존생산활동 간
결합과 관광관련 활동 간 결합에서는 관광관련 활동 한 종류와 겸업양식이
동일한 경우가 하나 이하일 때이다. 드문 경우의 배제를 위한 조작적 기준
에 있어 기존생산활동의 종류는 둘이나 관광관련 활동의 종류는 하나인 것
은 관광어촌의 기존생산활동에 대한 관광관련 활동 비율이 매우 적다는 특
성에서 연유한다.

첫째, 기존생산활동 간 결합으로, 이는 관광관련 활동 종사 직전의 것을
대상으로 하였다. 사례어촌에서 가장 많이 나타나는 경우는 어로와 농사의
병행, 어로와 농사와 잠수의 병행 등이다. 어로와 농사의 병행은 고산1리,
종달리, 대포동, 함덕리 등 마라리를 제외한 모든 사례어촌에서, 어로와 농
사와 잠수의 병행은 종달리, 중문동, 함덕리 등에서 나타났다. 그 밖에 잠

---

6) 겸업의 일반적 단위는 가구이나, 사례 어촌에서는 성별 분업이 두드러지므
   로 생산활동의 결합단위는 가구뿐만 아니라 개인단위도 포함한다.

수와 농사, 어로와 잠수, 어로(잠수)와 농사 등이 각각 중문동, 고산1리, 종달리 등에서 병행되었다. 한편, 마라리의 기존생산활동은 대부분 여성의 잠수만 존재했다〈표 Ⅴ-6〉.

그런데 어로와 농사, 잠수와 농사 등의 겸업양식은 사례어촌별로 차이를 보인다. 어로와 농사는 종달리와 대포동에서는 시간적·공간적[가구단위] 겸업이고, 고산1리와 함덕리에서는 공간적[가구단위]겸업이다. 이러한 차이는 종달리와 대포동의 관광관련 활동 종사자의 어로활동 참여시기가 제한되어 있어 남성이 어로와 농사를 시간적으로 병행하는 것에서 연유한다. 잠수와 농사는 종달리에서는 시간적·공간적[가구단위]겸업이고, 중문동에서는 시간적·공간적 겸업인데, 이는 농사에 있어 종달리는 가구 단위의 병행인 반면, 중문동에서는 여성 단위의 병행에서 비롯된 것이다.

〈표 Ⅴ-6〉 관광관련 활동 참여직전 기존생산활동의
겸업양식별 결합내용 및 사례어촌

겸업 양식	결합내용	사례어촌
시간적·공간적	잠수, 농사	중문동
공간적[가구단위]	어로, 잠수	고산1리
	어로, 오징어건조	고산1리
	어로, 농사	고산1리 함덕리
시간적·공간적[가구단위]	어로, 농사, 잠수	종달리 중문동 함덕리
	어로, 농사	종달리 대포동
	잠수, 농사	종달리

기존생산활동 간 병행을 구성하는 각 생산활동의 규모는 전업의 생산활동 규모보다 대체로 작다고 할 수 있다. 겸업의 각 생산활동이 소규모라는 것의 성격은 생산활동별 전업 종사자의 존재 여부에 따라 차이를 보인다. 어로와 농사는 전업 종사자가 존재할 때의 소규모인 반면, 오징어 건조와 잠수어업은 각각 가구와 개인별로 전업이 존재하지 않음으로써 불가피하게 이루어지는 소규모이다. 오징어건조는 주로 여성이 참여하고 잠수어업은 주기적으로

이루어지므로, 각각 가구와 개인 단위의 전업이 불가능한 것이다.

둘째, 기존생산활동과 관광관련 활동 간 결합으로〈표 V-7〉, 이 가운데 대표적인 것은 어로와 낚시의 병행이다. 어로활동과 병행되는 낚시관광의 사례어촌 간 차이로는 낚시관광의 시기와 인접 관광지의 영향을 고려할 수 있다.

〈표 V-7〉 겸업양식별 관광관련 활동과 기존활동의 결합내용 및 사례어촌

겸업양식	관광관련 활동	기존생산활동	사례어촌
시간적	낚시	어로	고산1리 종달리 중문·대포동 함덕리 마라리
	낚시점	전기기구·가전제품 판매	함덕리
시간적·공간적	민박*	건조	고산1리
	식당	농사	종달리
	잡화점	잠수(농사)	종달리
	수산물조리점	잠수	함덕리 중문동
공간적[가구단위]	입도비수납·유람선관련활동	잠수	마라리
	자전거대여·오토바이운행	잠수	마라리
시간적·공간적 [가구단위]	낚시	어로 건조(치킨점)(노래방)	고산1리
	숙박	농사	함덕리
	횟집	농사(활어운반)	함덕리

* 상시민박은 1곳이 위치하더라도 관광어촌으로 간주할 수 있는 반면, 임시민박은 그렇게 하기가
  어려워 상시민박만을 대상으로 하였음.

낚시관광의 시기에 있어 고산1리와 마라리는 대체로 상시적인 반면, 종달리, 함덕리, 중문동·대포동 등은 여름철에 일시적으로 이루어진다. 이러한 차이는 사례어촌별 낚시 어종의 차이에서 비롯된다. 여름철의 어랭이를 대상으로 하는 낚시는 제주도 모든 어촌에서 가능한 반면, 다랑어와 벵에돔 낚시는 각각 고산1리와 마라리에서 많이 이루어진다. 따라서 고산1리와 마라리에서는 다른 사례어촌과는 달리 여름철뿐만 아니라, 어종에 따라 그 밖의 시기에도 낚시관광이 가능하다.

바다낚시가 상시적 또는 일시적으로 이루어지더라도, 낚시와 어로 활동 시기가 중복되는 것은 일시적이다. 이는 고산1리의 경우 관광관련 활동은 상시적이나 관광관련 활동 종사자의 어로활동이 일시적이고, 중문동, 대포동, 함덕리 등에서는 어로활동은 계절적 또는 상시적이나 관광관련 활동이 일시적이기 때문이다. 어로활동과 관광관련 활동이 모두 일시적으로 이루어지는 곳은 종달리뿐이다〈표 V-8〉.

<표 V-8〉 사례별 관광관련 어업의 시간성과 관광비관련 어업

사례어촌	관광관련 어업의 시간성	관광비관련 어업
고산1리	일시적 연안 어로	근해 어로*
종달리	일시적 연안 어로	근해 어로
중문동	주기적 잠수어업	
	상시적 연안 어로	
대포동	계절적 연안 어로	근해 어로
함덕리	상시적 연안 어로	근해 어로
	주기적 잠수어업	

* 연안어로와 근해어로는 어업활동을 하루에 마치고 돌아올 수 있는가에 따라 구분하는 것으로, 하루에 마치면 연안어로인 반면, 그렇지 못하면 근해어로에 해당됨.

그리고 인접 관광지의 영향을 받는 함덕리와 중문동·대포동 어촌의 낚시관광에 있어서는 중심어촌 외부에 위치한 관광지 기능에 따라 차이를 보인다. 함덕리 어촌의 낚시관광은 해수욕객을 대상으로 함으로써 일시적으로 이용자가 많은 반면, 중문동과 대포동 어촌은 인접한 관광밀집지구와 관련된 관광활동과는 병행되기가 어려워 낚시 관광객이 그다지 많지 않다.

한편, 잠수어업 종사자의 관광관련 활동 병행에 있어 사례어촌 간 차이는 잠수어업이 아니라, 그 밖의 생산활동 종사 정도에서 파악할 수 있다. 잠수어업과 일반적으로 병행되는 것은 농업활동이고, 농업활동 정도는 농산물 종류에 따라 차이를 보인다. 농산물 종류는 1970년대 이후의 일차적 환금작물인 밀감과 1980년대 이후의 이차적 환금작물인 당근, 감자, 양파, 마늘 등으로 구분할 수 있다. 밀감 농사는 임대농이 일반화되어 있지 않은데, 이는 임대가 되는 것은 일반적으로 농지이나 다년생 작물인 밀감 농사에서는 농지임대가 용이하지 않기 때문이다. 따라서 농사를 소규모로 하거나 짓지 않는 가구가 다른 작물보다는 많으며, 수확철에 집중적인 임금노동에는 생산연령층이 많이 참여한다. 이와는 달리 당근, 감자, 양파, 마늘 등의 농사에서는 생산연령층 대부분이 농지를 임대해서라도 일정 규모 이상의 농사를 짓고 있고, 임금노동은 노년층에서 많이 이루어진다.

따라서 농업 종사자 간 계층분화는 밀감농사가 많이 이루어지는 곳에서 보다 뚜렷하게 나타남으로써, 밀감농사를 짓지 않는 잠수어업 종사자는 농업활동이 아닌 다른 생산활동에 종사할 가능성이 보다 높아진다. 밀감농사가 대표적인 중문동, 함덕리 등에서는 잠수활동과 관광관련 활동이 어느 정도 병행되는 반면, 당근과 감자를 재배하는 종달리는 두 생산활동 간 병행이 이루어지다 대부분 소멸되고 말았다. 한편, 고산1리는 오징어 건조라는 특수한 생산활동이 잠수어업 종사자의 관광관련 활동 참여가 활성화되지 않도록 하고 있다.

그리고 잠수어업과 관광관련 활동의 병행은 주기적으로 이루어진다. 잠수어업 종사자가 관광관련 활동에 참여하는 중문동과 함덕리의 관광관련 활동은 각각 상시적, 일시적이나, 잠수어업이 주기적으로 이루어지므로 관광관련 활동과 잠수어업은 주기적으로 병행되는 것이다.

셋째, 관광관련 활동 간 결합이다. 이는 기존생산활동과 관광관련 활동이 보완적일 때와 관광관련 활동이 기존생산활동을 대체할 때로 구분할 수 있다〈표 V-9〉. 기존생산활동과 관광관련 활동이 보완적일 때의 관광관련 활동 간 결합은 고산1리, 종달리, 함덕리 등에서, 관광관련 활동이 기존생산활동을 대체할 때는 관광기능이 가장 많이 분포하는 고산1리와 마라리에서 나타나고 있다. 한편, 종달리는 바다와 해안의 관광기능이 연계되지 못함으로써, 중문동과 대포동은 관광기능 밀집지구의 인접에 따라 관광기능 입지가 제한됨으로써 관광관련 활동 간 결합이 나타나지 않고 있는 것으로 보인다.

그리고 관광관련 활동 간 결합을 구성하는 두 활동의 위치는 보완관계에서는 바다와 해안인 반면, 대체관계에서는 대개 해안으로 구분된다.

〈표 Ⅴ-9〉 겸업양식별 관광관련 활동 간 결합내용 및 사례어촌

〈관광관련 활동이 기존활동을 보완할 때〉

겸업양식	관광관련 활동	사례어촌
공간적[가구단위]	낚시, 낚시관련 수산물조리점	함덕리
시간적·공간적[가구단위]	낚시, 민박관리(낚시점, 잡화점)	고산1리

〈관광관련 활동이 기존활동을 대체할 때〉

겸업양식	관광관련 활동	사례어촌
시간적	횟집, 민박*	고산1리
	민박, 잡화점	마라리
시간적[가구단위]	횟집, 민박*	고산1리 마라리
	횟집(식당), 민박, 잡화점	마라리
공간적[가구단위]	낚시, 횟집(오징어판매)	고산1리
시간적·공간적[가구단위]	횟집, 낚시, 민박, 낚시점(잡화점)	마라리

* 횟집과 민박의 겸업 양식에 있어 시간적[가구단위]겸업은 고산리와 마라리 모두에서 나타나는 반면, 시간적 겸업은 고산리에서만 이루어진다. 이는 횟집 운영에 있어 부부가 함께 참여하는 곳은 고산리와 마라리인 반면, 남편 대신 종업원을 고용함으로써 여성만 참여하는 곳은 고산리인 것에서 연유함.

마지막으로, 전업의 관광관련 활동에 대한 사례어촌 간 비교로, 이는 모두 해안에서 이루어진다. 수산물조리점은 모든 사례어촌에 분포하는데, 그 종사자들은 종달리, 대포동, 함덕리 등에서는 전업의 형태를 보이지만, 고산1리와 중문동은 그렇지 않다.[7] 고산1리는 바다낚시, 민박등과의 병행이 활성화되어 있고, 중문동은 수산물조리점에 공동 참여함으로써 잠수활동을 병행하고 있다. 그 밖의 전업 관광관련 활동으로는 민박, 호텔·여관, 포장

---

7) 한편, 마라리의 수산물조리점(횟집) 종사자는 전업이거나 민박 등을 병행한다.

마차, 자장면집, 자전거대여점 등을 들 수 있는데, 민박은 상시적 관광관련 활동이 이루어지는 고산1리와 마라리에, 호텔·여관은 제주시 주변 해수욕장에 인접한 함덕리에, 포장마차, 자장면집, 자전거대여점 등은 대규모 유람선을 이용하여 찾는 마라도에 분포한다〈표 Ⅴ-10〉.

〈표 Ⅴ-10〉 전업의 관광관련 활동별 사례어촌

전업의 관광관련 활동	사례어촌
횟집	종달리 대포동 함덕리 마라리
민박	고산1리* 마라리
호텔·여관	함덕리
포장마차	마라리
자장면집	마라리
자전거 대여점	마라리

* 고산1리의 민박은 행위주체 차원의 전업 관광관련 활동이라기보다는 공간 차원의 전업 관광관련공간에 해당됨.

3) 관광기능 위치별 관광관련 활동의 병행양식

관광기능의 위치는 기존생산활동과 관광관련 활동 간 관계뿐만 아니라 이들의 결합양식에도 영향을 미친다. 따라서 관광기능 위치별 생산활동 결합양식의 일반화를 위해서는 앞서 살펴본 겸업양식별 결합내용들이 관광기능 위치의 변화를 고려하지 않았으므로, 먼저 각 사례어촌별로 일반화된 「관광기능 위치에 따른 기존활동과 관광관련 활동 간 관계의 변화」의 시기별 관광기능 위치와 일치하도록 하는 과정을 거쳐야 한다.

생산활동 간 결합내용들이 관광기능 위치별 겸업양식으로서 성립하지 않게 되는 것은 결합내용별 시기 또는 관광기능 위치가 각 사례별로 일반화된 것과 일치하지 않을 때이다. 관광기능 위치별 생산활동 결합양식의 일반화의 대상에서 배제되어야 하는 결합내용들은 〈표 Ⅴ-7〉의 관광관련 활동과 기존활동 간 결합내용과 〈표 V-9〉의 관광관련 활동 간 결합내용 가운데 포함되어 있음을 확인할 수 있다. 관광관련 활동과 기존활동 간 결합내용들〈표 V-7〉 가운데 관광기능 위치별 겸업양식에 해당되지 않는 것은 둘로 구분할 수 있다.

첫째, 관광기능의 위치와 출현 시기가 겸업양식에 해당되지 않도록 하는 것이다. 고산1리의 민박과 오징어건조, 함덕리의 수산물조리점과 잠수, 마라리의 입도비수납·유람선관련활동과 잠수, 마라리의 자전거대여·오토바이 운행과 잠수, 함덕리의 숙박과 농사, 함덕리의 횟집과 농사·활어운반 등의 결합은 관광기능의 위치와 출현 시기가 각각 해안과 1990년대 이후 〈표 Ⅳ-6, 표 Ⅳ-22, 표 Ⅳ-24〉로, 〈표 Ⅳ-10〉, 〈표 Ⅳ-23〉, 〈표 Ⅳ-27〉 등의 관광기능 위치에 따른 기존활동과 관광관련 활동 간 관계 변화에 있어 관광관련 활동과 기존활동 간 결합으로서 일반화된 관광기능 위치인 바다와 출현 시기인 1980년대 중반 이전과는 일치하지 않음으로써, 관광기능 위치별 관광관련 활동과 기존활동 간 결합양식으로서 성립하지 않는다.

둘째, 관광기능의 출현 시기가 겸업양식에 해당되지 않도록 하는 것이다. 종달리의 잡화점, 잠수(농사) 등의 결합과 고산1리의 낚시, 어로, 오징어건조(치킨점)(노래방) 등의 결합은 관광기능의 출현 시기가 각각 1990년대 말 〈표 Ⅳ-14〉과 1990년대 이후 〈표 Ⅳ-6〉로, 〈표 Ⅳ-16〉, 〈표 Ⅳ-10〉 등의 관광기능 위치에 따른 기존활동과 관광관련 활동 간 관계변화에 있어 관광관련 활동과 기존활동 간 결합의 일반화된 출현 시기인 1990년대 중반과 1980년대 중반과는 각각 일치하지 않음으로써, 관광관련 활동과 기존활동 간 결합양식으로서 성립하지 않는다.

관광관련 활동 간 결합내용들〈표 V-9〉 가운데 관광기능 위치별 겸업양식에 해당되지 않는 것은 모두 시기적 차이에서 비롯된다. 고산1리의 낚시와 횟집(오징어판매)을 병행하는 2사례 가운데 낚시와 횟집 병행의 출현 시기가 1980년대 말 〈표 Ⅳ-8〉로 〈표 Ⅳ-10〉의 관광기능 위치에 따른 기존활동과 관광관련 활동 간 관계의 변화에 있어 대체관계의 관광관련 활동 간 결합 시기로서 일반화된 1990년대 말과는 일치하지 않음으로써 겸업양식 성립요건인 2사례에는 미치지 못한다. 그리고 마라리의 횟집, 낚시, 민박, 낚시점(잡화점) 등의 결합은 출현 시기가 1990년대 말 〈표 Ⅳ-25〉로 〈표 Ⅳ-27〉의 관광기능 위치에 따른 기존활동과 관광관련 활동 간 관계의 변화에 있어 일반화된 결합시기인 1980년대 말~1990년대 초와는 일치하지 않으므로 관광기능 위치별 겸업양식으로서 성립하지 않는다.

이러한 과정을 통해 관광기능 위치의 변화와 일치하는 생산활동 간 결합 내용들을 대상으로 관광기능 위치별 생산활동 결합양식의 일반화를 시도할 수 있게 되었다. 관광기능 위치별 생산활동 병행양식에 대한 일반화는 관광기능 위치의 변화양상인 「바다→바다·해안→해안」의 순서에 따라 사례어촌 간 생산활동의 결합양식에 대한 비교를 통해 이루어질 수 있다〈표 Ⅴ-11〉.

〈표 Ⅴ-11〉 사례어촌별 관광기능 위치에 따른 생산활동 병행양식의 변화

사례 어촌	생산활동 병행양식의 변화		
관광기능 위치	바다 →	바다·해안 →	해안
고산1리	시간적→시간적·공간적[가구단위] →		시간적 ⋯→[1] 전업 시간적[가구단위]
종달리	시간적→	시간적·공간적[2] →	전업
중문동	시간적	—[3]	시간적·공간적[2]
대포동	시간적←	—[3]	전업
함덕리	시간적→	공간적[가구단위] ⋯→[1]	전업
마라리	—[3]	시간적[2] →	시간적 → 전업 시간적[가구단위]

주 1) 고산1리와 함덕리에 있어 전업으로의 변화는 다른 경우에 비해 온전하지 않다는 것으로, 고산1리는 행위주체 차원이 아니라 공간 차원의 전업이고, 함덕리는 전업의 수요자가 관광객뿐만 아니라 주민들도 많이 포함되어 있는 것에서 비롯됨.
　　2) 기존생산활동과 관광관련 활동 간의 병행양식임.
　　3) 관광기능의 위치에 있어 「바다」 또는 「바다·해안」의 단계는 해당되지 않음을 뜻함.

관광기능 위치가 바다인 경우의 겸업 양식은 모두 기존생산활동인 어로와 관광관련 활동인 바다낚시 간의 시간적 겸업이고, 함덕리에서는 낚시점과 전기기구·가전제품 판매의 시간적 겸업도 나타난다〈표 V-7〉. 한편, 도서어촌인 마라리는 예외적으로 바다의 초기 관광활동인 낚시와 해안의 민박이 동시기에 나타남으로써, 관광기능 위치의 변화에 있어 「바다」란 단계는 성립하지 않는다.

관광기능 위치가 바다·해안인 경우의 겸업 양식은 고산1리의 낚시와 민박관리(낚시점, 잡화점) 간 시간적·공간적[가구단위]겸업, 종달리의 농사와 음식점 간 시간적·공간적 겸업, 함덕리의 낚시와 낚시관련 수산물조리점 간 공간적[가구단위]겸업, 마라리의 어로와 낚시 간 시간적 겸업 등인데, 기존생산활동과 관광관련 활동 간 결합에서는 시간적·공간적 겸업과 시간적 겸업이고, 관광관련 활동 간 결합에서는 시간적·공간적[가구단위] 겸업과 공간적[가구단위]겸업이다. 그런데 관광기능 위치가 바다·해안인 단계는 「기존활동＋기존활동→기존활동＋관광관련 활동→기존활동＋관광관련 활동a＋관광관련 활동b→관광관련 활동a'＋관광관련 활동b'→관광관련 활동」이라는 일반적인 기능변화 과정에 있어 「기존활동＋관광관련 활동a＋관광관련 활동b」에 해당되는데, 겸업양식 논의의 대상[8]인 「기존활동＋관광관련 활동」과 「관광관련 활동a＋관광관련 활동b」 가운데 기능변화의 흐름과 일치하는 「관광관련 활동a＋관광관련 활동b」만을 대상으로 할 수 있다.[9] 따라서 관광기능 위치가 바다·해안인 경우의 겸업 양식은 시간적·공간적[가구단위]겸업과 공간적[가구단위]겸업이나, 이들은 각각 한 사례에서만 나타나므로 일반화될 수는 없다.

---

8) 겸업양식이 논의될 수 있는 생산활동 종류는 원칙적으로는 둘이다. 그러나 생산활동 결합의 추이에 있어 동일시기에 셋 이상의 생산활동에 종사하게 되는 경우가 나타났을 때는 예외적이다.

9) 「기존활동＋관광관련 활동」은 보완관계의 「관광관련 활동a＋관광관련 활동b」이전에 이미 나타난 기능관계인 반면, 보완관계의 「관광관련 활동a＋관광관련 활동b」은 이후에 나타나는 대체관계의 「관광관련 활동a'＋관광관련 활동b'」의 이전 단계라고 할 수 있기 때문이다.

그리고 관광기능 위치가 해안인 경우는 기능관계의 흐름상 대체관계에 해당되어 보완관계를 이루는 중문동의 잠수와 음식점 간 시간적·공간적 겸업이 제외되므로, 겸업 양식으로서 일반화가 가능한 것은 고산1리와 마라리의 시간적(가구단위) 겸업[10]이라고 할 수 있다.

따라서 관광기능의 위치변화에 따른 생산활동의 결합양식 변화를 일반화하면, 보완관계의 기존생산활동과 관광관련 활동 간 결합은 바다의 시간적 겸업이고, 대체관계의 관광관련 활동 간 결합은 해안의 시간적(가구단위) 겸업이다. 한편, 보완관계의 관광관련 활동 간 결합인 공간적[가구단위]겸업과 시간적·공간적[가구단위]겸업은 모두 하나의 사례어촌에서만 나타나는 것으로 일반적 겸업양식이라고 볼 수는 없다〈표 V-12〉.

<표 V-12〉 관광기능의 위치변화에 따른 생산활동의 결합양식 변화

관광촌화 변수	관광촌화 이전 →	관광촌화 이후
기능 위치	바다 → 바다·해안 →	해안
기능 관계	보완 →	대체
겸업 양상	공간적[가구단위]→시간적→(공간적[가구단위])*→시간적(가구단위)→전업	
	시간적·공간적[가구단위] (시간적·공간적[가구단위])*	

* 각각 하나의 사례에서만 나타나므로 일반화된 것은 아님.

이러한 관광기능 위치에 따른 생산활동 간 결합양식의 전개과정이 새로운 관광관련 활동 참여의 위험부담에 대한 대응과정이라고 한다면, 「시간적 겸업→공간적[가구단위]겸업 또는 시간적·공간적[가구단위]겸업→시간적(가구단위) 겸업→전업」으로 일반화된 생산활동 결합양식의 전개과정에 있어 보완관계에서는 시간적 겸업에서 공간적[가구단위]겸업으로 진행됨으

---

10) 시간적 겸업은 고산1리의 횟집과 민박, 마라리의 민박과 잡화점 등이고, 시간적[가구단위]겸업은 고산1리의 횟집과 민박, 마라리의 횟집과 민박, 횟집(식당)과 민박과 잡화점 등에 해당된다〈표 V-9〉.

로써 기존생산활동 종사자가 동일공간에서의 관광관련 활동 하나와의 병행으로부터 상이한 공간의 관광관련 활동 둘을 병행하게 되어 위험도가 보다 높아진다. 그리고 대체관계에서는 관광관련 활동 종사자가 동일공간에서 관광관련 활동을 시간적으로 병행할 때보다는 전업으로 종사할 때의 위험도가 높아지게 된다. 이는 어촌의 관광지화에 있어 생산활동의 결합양식 변화가 새로운 생산활동인 관광관련 활동 참여의 위험부담으로 인해 그 위험도를 점차 높이는 과정임을 의미하는 것이라고 할 수 있다.

한편, 관광촌화 과정에 있어 어촌의 대표적 생산활동인 어업활동 형태[11] 와 관광관련 활동 형태 간 결합은 어업종사자의 거주공간과 관광기능의 입지공간 간 결합을 통해 이루어지고 있다. 이를 살피기 위한 어업활동 종사자에 있어 어로활동 종사자는 전체인 반면, 잠수활동 종사자는 관광관련 활동 참여자만을 대상으로 하는데, 이는 어로활동이 관광활동과 관련된 어업활동의 대부분을 차지하기 때문이다.

어로활동 형태는 종사자의 거주공간에 따라 차이를 보이는데, 배후어촌은 겸업어로인 반면,[12] 중심어촌은 겸업과 전업 어로이다.[13] 배후어촌의 겸업어로 종사자는 모든 사례어촌에서 바다낚시라는 자원체험·주민참여의 관광관련 활동을 시간적으로 병행하고 있다. 중심어촌의 경우 겸업어로 종사자는 바다의 낚시에 참여함으로써 어로활동을 시간적으로 보완하는 반면 (종달리, 함덕리),[14] 전업어로 종사자는 바다낚시를 어로활동과 시간적으로

---

11) 어로어업에 종사하는 남성과 잠수어업에 참여하는 여성의 각각을 기준으로 한 어업활동 형태이다.

12) 대포동은 전업어로 종사자가 배후어촌에 거주하는데, 이는 중심어촌이 존재하지 않는 것에서 비롯된 것이다.

13) 전업어로 종사자가 중심어촌에 거주하는 사례어촌은 고산1리와 함덕리뿐이나, 대포동과 중문동은 중심어촌이 존재하지 않으며 마라리는 어로활동 종사자가 존재하지 않으므로, 전업어로가 중심어촌의 어로활동 형태의 하나로 일반화될 수 있는 것이다. 한편, 종달리는 전업어로 종사자가 중심어촌과 배후어촌에 각각 1명씩만 존재할 뿐이다.

14) 겸업어로 종사자가 중심어촌에 거주하는 사례어촌은 종달리와 함덕리뿐이다.

병행하거나 해안의 횟집과 민박이라는 자원감상·주민참여 관광관련 활동으로 어로활동이 대체되는 경우(고산1리)와 관광관련 활동과 어로활동이 무관한 경우(함덕리)가 있다.

〈그림 21〉은 관광촌화 과정에 있어 거주공간별 어로활동 형태와 관광기능 입지공간별 관광관련 활동 형태 간의 결합 양상을 종합한 것이다. 어로활동의 거주공간별 양식은 배후어촌의 겸업어로, 중심어촌의 전업과 겸업어로 등이고, 관광활동의 어촌 내부공간별 유형은 바다의 자원체험·주민참여 관광, 해안의 자원감상·주민참여 관광 등이다. 거주공간별 어로활동 양식과 관광기능 위치별 관광관련 활동 형태 간 결합에 있어 배후어촌의 겸업어로는 바다의 관광관련 활동과 시간적으로 병행되는 반면, 중심어촌에 있어서는 전업어로가 관광관련 활동과 무관하거나 바다의 관광관련 활동과 시간적 보완관계, 해안의 관광관련 활동과 대체관계 등을 이루고, 겸업어로는 바다의 관광관련 활동과 시간적으로 보완된다.

결국, 거주공간별 어로활동 형태, 관광기능 입지공간별 관광활동 형태 등과 어로활동과 관광관련 활동 간 결합 관계의 어촌공간별 차이는 어업활동 중심공간인 어항으로부터의 거리 영향을 받는다고 할 수 있다. 어항으로부터 멀어질수록 어업활동은 전업어로에서 겸업어로로, 관광활동은 생태지향에서 개발지향으로, 어로활동과 관광관련 활동 간 결합 관계는 보완관계에서 대체관계로의 변화를 보인다.

한편, 잠수활동 종사자는 중문동과 함덕리에서 관광관련 활동에 참여하고 있는데, 중문동에서는 배후어촌의 겸업 잠수 종사자인 반면, 함덕리는 중심어촌과 배후어촌의 전업 잠수 종사자이다. 이는 중문동의 중심어촌이 존재하지 않는 점을 감안하면, 관광관련 활동 참여자의 잠수활동 종사형태는 중심어촌과 배후어촌에 따라 차이를 보이지 않는다는 것을 의미한다고 할 수 있다.

〈그림 21〉 사례어촌의 어로활동 형태와 관광관련 활동 형태의 결합 양상

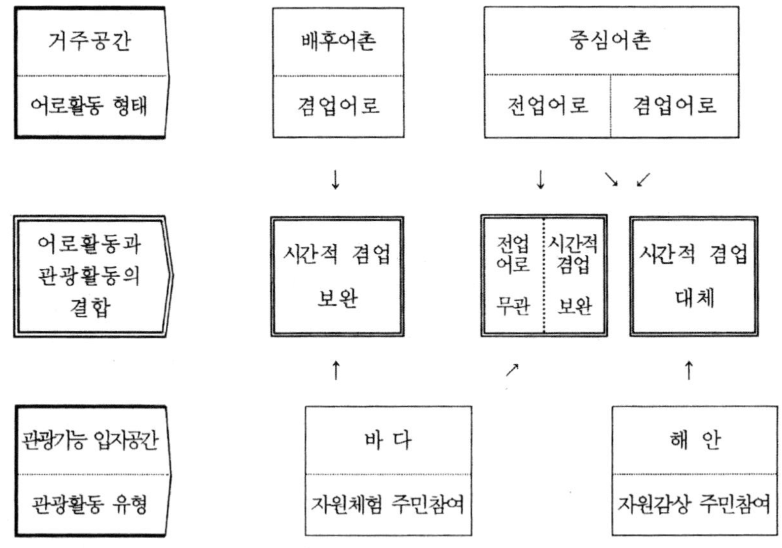

2. 관광관련 활동의 공간이용 양식 변화

관광관련 활동의 병행양식에 대한 고찰이 주로 생산활동의 대상공간을 고려한 것이라면, 관광기능 위치에 따른 관광관련 활동의 공간이용 양식에 대한 분석은 대상공간과 함께 이용내용의 차이를 살핀 것이다.

<표 V-13> 사례어촌별 관광기능 위치에 따른 공간이용 양식의 변화

사례 어촌	공간이용 양식의 변화				
관광기능 위치	바다	→	바다·해안	→	해안
고산1리	바다공간 유사이용	→	바다·해안 공간 상이이용	→	해안공간 ⋯[1) 해안공간 상이이용　　　동일이용
종달리	바다공간 유사이용	→	바다·해안 공간[2) 상이이용	→	해안공간 동일이용
중문동	바다공간 유사이용		—[3)		바다·해안 공간[2) 상이이용
대포동	바다공간 유사이용	←	—[3)		해안공간 동일이용
함덕리	바다공간 유사이용	→	바다·해안 공간 상이이용	⋯[1)	해안공간 동일이용
마라리	—[3)		바다공간[2) 유사이용	→	해안공간 → 해안공간 상이이용　　동일이용

주 1) 고산1리와 함덕리에 있어 해안공간 동일이용으로의 변화는 다른 경우에 비해 온전하지 않다는 것으로, 고산1리는 행위주체 차원이 아니라 공간 차원이고, 함덕리는 관광기능의 수요자가 관광객뿐만 아니라 주민들도 많이 포함되어 있는 것에서 비롯됨.
　　2) 기존생산활동과 관광관련 활동 간의 공간이용 양식임.
　　3) 관광기능의 위치에 있어 「바다」 또는 「바다·해안」의 단계는 해당되지 않음을 뜻함.

관광어촌 유형별 공간이용 과정은 관광기능의 위치가 동일한 그룹끼리 대체로 유사하게 나타나고 있다<표 V-13>. 관광기능의 위치가 바다 및 해안인 어촌은 고산1리뿐만 아니라 마라리도 해당되는데, 고산1리는 「바다공간 유사이용→바다·해안 공간 상이이용→해안공간 상이이용→해안공간 동일이용」이고, 마라리는 「바다공간 유사이용→해안공간 상이이용→해안공간 동일이용」이다. 관광기능의 대표적 위치가 바다인 어촌은 종달리뿐만 아니라 함덕리도 해당되는데, 둘 모두 「바다공간 유사이용→바다·해안 공간 상이이용→해안공간 동일이용」으로 나타난다. 종달리와 함덕리 어촌에서 「해안공간 상이이용」이 존재하지 않는 것은 관광관련 활동 종류의 단순함에서 비롯된 것으로 보인다. 관광기능의 대표적 위치가 해안인 어촌에 있어 관광관련 활동에 개별참여하는 대포동에서는 「해안공간 동일이용→바다공간 유사이용」이고, 관광관련 활동에 공동참여하는 중문동에서는 「바다공간 유사이용」과 「바다·해안 공간 상이이용」의 병존이다. 대포동과 중문동의 공간이용 과정이 비교적 단순하고 앞 어촌들과 상이한 진행 순서를 보이는 것은 인접 관광밀집지구의 기능을 보완하는 공간이용에서 비롯되었다고 할 수 있다.

사례어촌별 공간이용 양식의 변화는 일반적으로 「바다공간 유사이용→바다·해안 공간 상이이용→해안공간 상이이용→해안공간 동일이용」으로 나타나며, 이는 관광기능 위치에 따라 차이를 보이고 있다〈표 Ⅴ-14〉. 관광기능 위치가 바다일 때 공간이용 양식은 기존생산활동과 관광관련 활동 간 「바다공간 유사이용」이고, 바다·해안일 때는 관광관련 활동 간 「바다·해안 공간 상이이용」이며, 이들은 모두 기존생산활동과 관광관련 활동이 보완관계를 이룬다. 관광기능의 위치가 해안일 때의 공간이용 양식은 「해안공간 상이이용」과 「해안공간 동일이용」이고, 기존생산활동은 관광관련 활동으로 대체된다.

그리고 이러한 공간이용 양식의 변화과정에 있어 새로운 생산활동인 관광관련 활동 참여의 위험부담에 대한 대응은 기존생산활동과 관광관련 활동 간 관계에 따라 차이를 보이고 있다. 첫째, 생산활동 간 결합에 있어 대상공간의 범위 변화라는 차원에서의 위험도 변화로, 이러한 대상공간의 범위는 선택가능한 생산활동 범위라고 할 수 있다. 보완관계에서는 바다에서 바다·해안으로 대상공간의 범위가 확대되는 반면, 대체관계에서는 이전의 바다·해안에서 해안으로 축소되고 있다. 둘째, 생산활동의 이용내용에 있어 상이한 정도의 변화라는 차원에서의 위험도 변화이다. 상이한 정도는 보완관계에서는 「유사이용→상이이용」으로 증가하는 반면, 대체관계에서는

「상이이용→동일이용」으로 감소한다. 결국, 생산활동 선택범위가 넓을수록, 공간이용이 상이할수록 새로운 생산활동 참여의 위험도는 보완관계에서는 높아지나, 대체관계에서는 낮아지므로, 공간이용 과정상의 위험도는 점차 높아지는 것이다.

<표 V-14> 관광기능의 위치변화에 따른 공간이용 양식[15]

관광촌화 변수	관광촌화 과정			
기능 위치	바다 →	바다·해안 →		해안
기능 관계	기존+관광 →기존+관광a+(관광b)→관광a'+관광b'*→			관광
대상 공간	바다공간 →	바다·해안 공간 →	해안공간 →	해안공간
이용 내용	유사이용	상이이용	상이이용	동일이용

* 「기존＋관광a＋관광b」와 「관광a'＋관광b'」에 있어 관광a와 관광a', 관광b와 관광b' 등은 동일한 관광기능일 수도 있음.

3. 관광촌화 과정에 있어 관광개발과 생태보전

어촌의 관광지화 과정에 있어 새로운 관광 개발과 기존의 생태보전[16]은 본질적으로 갈등관계를 이룬다. 왜냐하면 기본적으로 관광개발은 새로운 변화를 가져오는 반면, 생태보전은 기존의 주민생활, 자연환경 등의 유지를 의미하기 때문이다.

---

15) 대상공간의 동일함, 상이함 등과 이용내용의 동일함, 유사함, 상이함 등의 조합으로 간이용 양식을 구성해보면, 동일공간·동일이용, 동일공간·유사이용, 동일공간·상이이용, 상이공간·상이이용 등은 나타나나 상이공간·동일이용과 상이공간·유사이용은 보이지 않는다. 이는 공간의 상이함이 이용 종류가 동일하거나 유사하도록 영향을 미치지 않기 때문이라고 할 수 있다.

16) 생태란 자연환경과 주민생활을 포괄하는 의미로 사용하고자 한다.

제주도 어촌의 관광개발과 생태보전에 대한 논의는 이러한 갈등관계가 어떻게 전개되는가에 초점을 맞추고자 하며, 논의의 구성은 어촌유형별 관광유형, 관광관련 활동의 어업활동과의 관련성, 관광관련 활동 참여주체 또는 관광지 개발주체, 관광관련 활동 종사자의 공간적 거주양식, 관광기능 위치별 관광개발과 생태보전 간 관계 등으로 구분한다. 관광유형은 관광객의 관광활동 형태로, 이에 따라 관광지의 관광개발과 생태보전이 영향을 받게 되고, 관광관련 활동의 어업활동과의 관련성에 대해서는 어업활동의 병행정도와 해당어촌 수산자원의 이용 정도에 따라 살펴볼 수 있다. 그리고 관광관련 활동 참여주체 또는 관광지 개발주체는 기존 어업활동종사자의 연관 정도를 파악하는 것이고, 관광관련 활동 종사자의 공간적 거주양식은 어촌 내부의 다른 주민과의 통합 정도와 관광관련 활동 종사가구에 있어 어촌의 내부와 외부 간 거주 정도를 분석함으로써 어촌공간과의 통합 정도를 파악할 수 있도록 하는 지표가 된다. 관광관련 활동 참여주체 또는 관광지 개발주체와 관광관련 활동 종사자의 공간적 거주양식에 있어 생태보전보다 관광개발을 지향하는 것은 각각 외지인과 공간적 분열·분리라고 할 수 있다. 왜냐하면 외지인과 공간적 분열·분리는 각각 토착민과 공간적 통합보다는 기존생산활동과의 관련성이 떨어지기 때문이다. 이 밖에도 관광기능 위치별 관광개발과 생태보전 간 관계에 대해 살펴보는 것은 개발 또는 보전에 기본적으로 영향을 미치는 것은 관광기능의 위치라는 점에서 연유한다.

첫째, 어촌유형별 관광유형[17)]은 관광기능 위치별 자원과 주민의 필요 정

---

17) 관광활동의 차이를 파악하기 위해서는 먼저 다양한 관광활동의 유형화가 필요하다. 관광객이 관광지에서 대하게 되는 것은 그곳을 구성하는 관광자원과 주민이므로, 관광활동의 유형화는 관광활동에 있어 무엇이, 어느 정도 필요한가에 따라 이루어질 수 있다. 따라서 자원의 필요도에 따라 자원체험과 자원감상 관광으로, 주민의 필요도에 따라 주민참여와 주민배제 관광으로 구분할 수 있고, 관광활동 유형의 전체 경우의 수는 자원 필요도와 주민 필요도에 의한 구분의 조합에 의해 네 가지가 된다.

도에 의해 살펴볼 수 있다. 「바다」와 「바다·해안」 단계의 관광활동은 자원체험·주민참여 관광인 반면, 「해안」 단계에서는 자원감상·주민참여 관광으로 변화되고 있다〈표 Ⅴ-15〉. 이는 관광촌화에 따라 어촌 자원의 필요 정도가 적어짐으로써 어촌 생태와의 관련성이 낮아지는 것이라고 할 수 있다. 그러나 중문동은 예외적으로 해안의 수산물 조리점이 어촌 생산물을 대부분 이용하므로, 「해안」 단계의 관광유형이 자원체험·주민참여 관광에 해당된다고 할 수 있다.

〈표 Ⅴ-15〉 관광기능의 위치변화에 따른 관광유형의 변화

관광촌화 변수	관광촌화 과정		
기능 위치	바다 → 바다·해안	→	해 안
기능 관계	보 완	→	대 체
관광 유형	자원체험·주민참여	→	자원감상·주민참여

둘째, 관광관련 활동의 어업활동과의 관련성으로, 이는 관광활동이 어업활동 기술을 필요로 하는 정도와 어업 생산물의 이용 정도로써 파악될 수 있다〈표 Ⅴ-16〉. 이 가운데 관광활동이 어업활동의 기술을 필요로 한다는 것은 곧 어업활동 종사자에게 있어서는 어업활동과 관광관련 활동을 병행하는 것이라고 할 수 있다. 바다낚시로 유명한 바다·해안 지향 어촌인 고산1리와 해수욕장 인접 어촌인 함덕리는 어로어업의 기술을 필요로 하고, 수산물 조리점에서는 바다낚시객을 대상으로 해서는 어로어업의 생산물을 이용하지만 바다낚시객이 아닌 경우에는 어로어업의 생산물을 대체로 이용하지 않으므로 전체적으로는 어로어업의 생산물을 일부 이용하는 셈이 된다. 바다지향 어촌인 종달리는 맛조개잡이 어장으로 이름이 나 있지만 이는 어업활동의 기술과는 무관하며, 단지 해안의 임시 음식점에서 잠수어업의 생산물을 이용하고 있을 뿐이다. 어업활동의 기술이 필요한 것은 바다낚시이고 해안의 수산물 조리점은 어로어업과는 관련성이 없다고 할 수 있

다. 해안지향 어촌의 경우 수산물 조리점에 공동 참여하는 중문동에서는 잠수어업의 생산물을 대부분 이용하는 반면, 개별적으로 참여하는 대포동의 수산물 조리점에서는 해당 어촌의 수산물을 이용하지 않는다. 도서어촌인 마라도는 어로어업이 거의 이루어지지 않아 관광기능에서 필요한 어로어업의 생산물을 외부에서 들여오고 있고, 마라도 잠수어업의 수산물은 섬 내부의 관광기능 대부분에서 이용되고 있다. 결국, 바다의 관광활동 가운데 바다낚시는 어업활동의 기술을 필요로 하고 있으며, 해안 관광활동의 경우 횟집에서는 어업활동의 생산물을 거의 이용하지 않고, 단지 잠수들이 공동으로 참여하는 수산물 조리점을 중심으로 잠수어업의 생산물이 이용되고 있을 뿐이라고 할 수 있다.

셋째, 관광관련 활동에 대한 참여주체 또는 관광지 개발주체로, 이는 기존 어업활동종사자 또는 그 조직인 어촌계가 어느 정도 참여하고 있으며, 이들이 참여하기 위해서는 어떠한 관광어촌 유형을 지향하는 것이 바람직한 것인지를 살피기 위한 것이라고 할 수 있다. 관광어촌 유형별 관광관련 활동의 참여 또는 관광지의 개발 주체에 있어 대부분의 관광어촌 유형에서 참여하고 있는 주체는 토착민, 주민조직인 어촌계, 지방정부 등으로 나타난다〈표 Ⅴ-17〉.

〈표 V-16〉 관광어촌 유형별 관광관련 활동의 어업활동과의 관련성

관광어촌 유형	관광관련 활동의 어업활동과의 관련성
바다 및 해안 지향 관광어촌 (고산1리)	어로어업의 기술 필요 어로어업의 생산물 일부 이용
바다지향 관광어촌 (종달리)	어로어업의 기술 일부 필요 잠수어업의 생산물 일부 이용
해안지향 관광어촌 　공동 참여 　(중문동)	잠수어업의 생산물 대부분 이용
개별 참여 　(대포동)	어로어업과 무관
해수욕장 인접 관광어촌 (함덕리)	어로어업의 기술 필요 어로어업의 생산물 일부 이용
도서 관광어촌 (마라리)	잠수어업의 생산물 대부분 이용

〈표 V-17〉 관광어촌 유형별 관광관련 활동 참여주체·관광지 개발주체

관광어촌 유형	관광관련 활동 참여주체·관광지 개발주체
바다 및 해안 지향 관광어촌 (고산1리)	지방정부, 주민조직, 토착민
바다지향 관광어촌 (종달리)	지방정부, 주민조직, 토착민
해안지향 관광어촌	
공동 참여 　(중문동)	지방정부, 주민조직, 토착민
개별 참여 　(대포동)	토착민
해수욕장 인접 관광어촌 (함덕리)	지방정부, 주민조직, 외지인, 토착민
도서 관광어촌 (마라리)	지방정부, 외지인, 토착민

토착민의 참여는 모든 관광어촌에서 나타나는 반면, 외지인[18]의 참여는 도서어촌과 해수욕장 인접어촌에서 나타난다. 도서어촌과 해수욕장 인접어촌에서 외지인 참여가 이루어지는 것은 도서어촌인 마라도는 최남단이라는 관광지에 대한 높은 인지도에서, 해수욕장 인접어촌은 제주시와의 인접에 따른 대규모의 숙박기능 입지에서 비롯된 것으로 보인다. 주민조직인 어촌계의 참여는 해안지향의 개별참여 어촌과 도서어촌을 제외한 곳에서 이루어지는데, 해안지향의 개별참여 어촌과 도서어촌에서 주민조직이 참여하고 있지 않은 것은 관광관련 활동에 대한 어업종사자의 참여 부진에서 비롯되었다고 할 수 있다. 그리고 지방정부의 참여는 해안지향의 개별참여 어촌을 제외한 모든 사례에서 이루어졌는데, 공간계층이 낮은 어촌이므로 공공부문 가운데 지방정부가 참여하고 있는 것이다. 이러한 지방정부의 참여는 주로 어업활동 또는 마을과 관련된 하부구조를 제공해주거나 광역자치단체인 제주도가 어촌계를 대상으로 관광관련시설이 입지할 곳을 결정하고, 어촌계와 더불어 관광관련 설비를 추진하며, 경비를 지원하는 것으로 이루어지고 있다. 결국 관광관련 활동에 대한 참여주체 또는 관광지 개발주체에 있어 기존 어업활동종사자 또는 그 조직인 어촌계가 중심이 됨으로써 쇠퇴해가는 어업활동을 유지할 수 있도록 하고 있는 관광어촌은 바다지향 관광어촌, 해안지향의 공동참여 관광어촌, 바다·해안 지향 관광어촌 등이라고 할 수 있다. 이는 곧 관광관련 활동이 바다의 어업활동과 연계되거나, 어업종사자들의 공동참여로써 이루어지는 것이 바람직하다는 것을 보여주는 것이다.

넷째, 관광관련 활동 종사자의 공간적 거주양식이다. 공간적 거주양식은 관광관련 활동 종사자의 거주활동이 어촌공간과 통합되어 있지 않을 때가 통합되어 있을 때보다 주민소득의 역외유출이 많음을 의미하는 것으로, 어촌 내부에서의 거주활동의 통합도와 어촌의 내부와 외부 간 공간체계에 따른 거주양식으로 구분할 수 있다. 관광어촌 내부에 있어서는 관광관련 활

---

18) 토착민의 반대 개념으로 사용하고자 한다.

동 종사자와 비종사자 간 거주지의 공간적 통합 또는 공간적 분리로써 논의된다. 사례어촌의 대부분은 관광관련 활동 종사자와 비종사자 간 거주활동이 공간적으로 통합되어 있으나, 마라리는 공간적으로 분리되어 있다. 마라도에서 나타나는 공간적 분리는 관광관련 활동에 종사하는 이주민과 토착민 사이에서 보이는 것으로, 관광관련 활동이 어촌공간에 통합되어 있지 않음을 의미하는 것이다. 그리고 어촌의 내부뿐만 아니라 어촌의 외부도 고려하는 공간체계에 따른 거주양식19) 〈표 V-18〉은 관광관련 활동 종사자만을 대상으로 하였다. 관광관련 활동 종사가구의 구성원 가운데 부부가 모두 어촌에 거주하는 공간적 통합만 나타나는 곳은 바다와 해안의 관광활동 연계가 대부분인 고산1리와 해안의 관광관련 활동에 공동으로 참여하는 중문동 어촌이다. 그리고 고산1리와 중문동을 제외한 곳에서는 공간적 통합뿐만 아니라, 관광관련 활동 종사가구의 부부 가운데 적어도 한 사람이 어촌에 거주하지 않는 공간적 분열도 나타난다. 따라서 관광관련 활동 종사자의 거주활동이 어촌공간과 통합되어 관광관련 활동에 의한 소득이 역외로 유출되는 것을 줄이기 위해서는 바다와 해안의 관광활동이 연계되어야 하고, 해안의 관광관련 활동에는 공동으로 참여하는 것이 바람직하다고 할 수 있다.

---

19) 중심지체계에 따른 공간적 거주양식의 기본적 형태는 사회적 거주단위인 가구 성원들이 동일한 지역에 거주하는 공간적 통합과, 상이한 지역에 거주하는 공간적 분열로 나눌 수 있다. 즉, 거주의 사회적 단위가 공간적 단위와 일치하면 거주의 공간적 통합이고, 그렇지 않으면 공간적 분열이 된다(柳佑益, 1988, 農村地域下位中心地體系의 改善方案, 제6차 農漁村地域綜合開發워크숍, 한국농촌경제연구원, pp.9-10). 그런데 관광관련 활동과 관련된 공간적 거주양식은 가구 구성원 가운데 관광관련 활동에 종사할 수 있는 부부만을 대상으로 할 수 있다. 따라서 관광관련 활동 종사자의 중심지체계에 따른 공간적 거주양식은 관광어촌과 그 외부에서의 거주 정도에 따라 두 집단으로 구분할 수 있다. 하나는 부부가 관광어촌에 거주하는 집단이고(공간적 통합), 다른 하나는 부부 가운데 적어도 한 사람이 관광어촌 외부의 제주도에서 역통근하거나 거주하는 집단이다(공간적 분열).

<표 Ⅴ-18> 관광어촌 유형별 공간체계에 따른 거주양식

관광어촌 유형	공간체계에 따른 거주양식
바다 및 해안 지향 관광어촌 （고산1리）	공간적 통합
바다지향 관광어촌 （종달리）	공간적 통합, 공간적 분열
해안지향 관광어촌	
공동 참여 （중문동）	공간적 통합
개별 참여 （대포동）	공간적 통합, 공간적 분열
해수욕장 인접 관광어촌 （함덕리）	공간적 통합, 공간적 분열
도서 관광어촌 （마라리）	공간적 통합, 공간적 분열

　다섯째, 관광기능 위치별 관광개발과 생태보전 간 관계로, 해당어촌과의 연관성은 생태보전을 지향하는 경우가 관광개발을 지향할 때보다 높다고 할 수 있다. 관광개발과 생태보전의 관계는 관광기능의 어촌공간상 위치에 따라 차이를 보이는데, 해안의 관광활동은 바다의 관광활동에 비해 생태보전보다는 관광개발을 지향한다고 할 수 있다. 왜냐하면 바다의 관광기능은 해당 어촌의 생산활동과 대부분 관련되는 반면, 해안의 대표적 관광기능인 수산물 조리점은 대체로 수요자의 기호에 따라 다양한 종류의 수산물을 준비해야 하므로, 어촌의 수산물을 이용하지 않는 경우가 많기 때문이다.

　따라서, 관광기능의 위치가 「바다→바다·해안→해안」으로 이동하고 있는 것은 어업활동과의 관련성이 적어지는 것을 의미하며, 생산활동과의 약한 연계는 관광관련 활동 종사자의 공간적 거주양식에 영향을 미침으로써 생활공간과의 통합도 약화시키고 있다. 결국, 관광기능의 위치가 「바다→바다·해안→해안」으로 나타나는 것은 생태보전 지향에서 관광개발 지향으로의 변화를 가져오는 것으로, 관광활동의 흐름이 「해안→바다」로 이동하고 있는 것과는 대조적이라고 할 수 있다.

요컨대, 관광어촌 유형 간 관광기능의 어촌공간과의 관련성 차이는 관광
기능의 위치가 바다 또는 해안인가에 의해서 파악될 수 있다. 관광기능의
위치가 해안인 것은 공동으로 참여하는 사례를 제외한다면 바다인 경우보
다 어업활동과의 관련성이 적어지는 것을 의미하며, 어업활동과의 약한 연
계는 어촌공간과의 통합도 약화시키고 있다고 할 수 있다. 그리고 이러한
관광기능의 위치에 따른 차이와 더불어 관광기능의 위치가 중심어촌 외부
인 해수욕장 인접 어촌에서는 해수욕철 중심이라는 특성이, 접근이 어려운
도서어촌에서는 숙박이 필수적일 수 있다는 특성이 함께 나타난다.

Ⅵ. 결론과 시사점

1. 요 약

어촌공간은 1970년대 이후의 도시화에 따라 급격히 쇠퇴하였으나, 1980년대 이후에는 관광지화에 따라 새로운 변화가 나타나고 있다. 관광객의 일시적인 관광활동은 생산활동에, 관광활동과 관련된 이주민의 반영구적인 거주활동은 공동생활에 영향을 미치게 되었다.

제주도 어촌의 관광지화 과정에 대한 연구 결과, 관광기능의 어촌공간상 위치는 분석 결과의 차이에 영향을 미침으로써 이를 지표로 하는 관광어촌의 유형화는 유의한 것으로 볼 수 있다. 관광기능의 어촌공간상 위치는 낚시와 수산물 채취·채포의 바다, 수산물 조리점과 민박의 해안으로 구분된다. 따라서 관광기능의 어촌공간상 위치에 따른 관광어촌의 기본 유형은 바다지향 어촌, 해안지향 어촌, 바다·해안 지향 어촌 등으로 구성된다. 이 밖에도 관광기능 위치가 중심어촌 외부인 해수욕장 인접 어촌과 어촌으로의 접근성에서 큰 차이를 보이는 도서어촌이 관광어촌 유형에 포함될 수 있다.

이러한 관광어촌 유형별 어촌의 관광지화 과정에 대한 분석은 관광기능의 어촌공간상 위치에 따라 기존생산활동과 관광관련 활동 간 관계, 생산활동의 병행양식, 공간이용 양식, 어촌의 관광개발과 생태보전 간 관계 등에서의 차이를 보여주고 있다.

첫째, 관광관련 활동의 어촌공간상 위치는 일반적으로 「바다→바다·해안→해안」으로 변화된다. 모든 어촌의 관광지화가 이러한 발달단계를 겪는 것은 아니나, 이러한 단계의 순서가 일반적으로 성립한다는 것이다. 이러한 발달단계의 순서와 상반된 「해안→바다」의 양상을 보이는 곳은 관광관련 활동의 공동참여가 이루어지는 해안지향의 관광어촌으로, 관광관련 활동의 공동 참여는 「바다→해안」과 같은 발달단계가 초래하는 문제를 줄일 수 있는 방법 중의 하나로 고려될 수 있을 것이다.

둘째, 관광관련 활동의 입지는 관광관련 활동 종사자의 기존생산활동에 대한 변화를 가져온다. 이러한 변화는 관광관련 활동의 어촌공간상 위치에 따라 차이를 보이며, 기존 생산활동인 어업활동과 새로운 생산활동인 관광관련 활동은 보완관계에서 대체관계로 진행되는데, 보완관계는 「바다」와 「바다·해안」 단계에서, 대체관계는 「해안」 단계에서 나타난다. 관광관련 활동 종류는 기존생산활동과 관광관련 활동이 보완적일 때에는 하나에서 둘로 증가하다가 관광관련 활동이 기존생산활동을 대체하고나면 둘에서 하나로 감소한다. 관광관련 활동의 지속가능성에 대한 위험 정도는 그 종류 수에 있어 보완관계에서는 하나보다 둘일 때가, 대체관계에서는 둘보다 하나일 때가 높으므로, 기존생산활동과 관광관련 활동이 보완관계에서 대체관계로 나아가는 것은 위험도를 점차 높임으로써 그 부담을 줄인다고 할 수 있다.

셋째, 관광기능 위치에 따른 생산활동 병행양식은 병행을 가능하게 하는 요인 즉, 동일공간의 시간적 차이에 의한 시간적 겸업과 상이한 공간의 결합에 의한 공간적 겸업으로 구분하여 살필 수 있다. 이러한 생산활동 병행양식은 관광촌화 과정에서 「보완관계의 시간적 겸업→보완관계의 공간적 겸업→대체관계의 시간적 겸업」으로 변화되었다. 보완관계의 「시간적 겸업→공간적 겸업」에 있어 공간적 겸업은 시간적 겸업보다는 기능 종류가 보다 상이하며, 상이한 기능을 병행하는 것은 유사한 기능을 병행하는 것보다는 활동상의 위험도가 높다. 그리고 「보완관계의 공간적 겸업→대체관계의 시간적 겸업」에 있어 대체관계를 이루는 시간적 겸업의 위험도는 해안 관광관련 활동들의 상시적 병행이 기존생산활동을 대체함으로써 보완관계의 공간적 겸업보다 더 높아지게 된다.

넷째, 관광관련 활동의 공간이용 양식에 대한 분석은 생산활동 병행의 대상공간과 병행내용을 조합함으로써 이루어졌다. 관광촌화의 첫 단계는 기존생산활동과 유사한 관광관련 활동이 바다에서 병행됨으로써 새로운 활동참여의 위험부담을 최소화한다. 이어서 바다와 연계를 이루는 해안의 관광기능이 입지하여 관광관련 활동은 기존활동과 보완관계를 이루고, 해안의 관광기능들의 입지가 탁월하게 되면 기존활동이 관광관련 활동들로 대체된다. 여기에다 관광관련 활동 종류가 하나로 감소하면 해안의 단일 관광기능이 입지한다. 이러한 일련의 공간이용 과정은 專業의 관광관련활동 참여에 대한 위험부담을 점진적으로 완화해가는 과정이라 볼 수 있다.

다섯째, 관광기능 위치에 따른 관광개발과 생태보전 간 갈등관계의 조정이다. 관광기능 위치가 바다에서 해안으로 이동하고 있는 것은 관광관련 활동이 보전보다는 개발과 관련되도록 한다. 이는 관광활동의 흐름이 대중관광에서 생태관광으로 이동하는 것과는 상반되는 것으로, 어촌의 관광개발이 그곳의 잠재력인 다양한 생태를 기반으로 하지 못하고 획일적으로 이루어 질 수 있음을 의미한다. 뿐만 아니라 관광기능의 해안 입지는 바다의 경우보다 어업활동과의 관련성이 떨어짐으로써 토착민의 참여 정도가 낮아 소득의 역외유출 가능성을 높이기도 한다.

2. 결 론

이 연구는 어촌주민 특히 어업종사자의 생산활동이 관광관련 활동과 밀접히 연관되는 과정인 어촌의 관광지화에 있어 공간이용의 변화과정을 밝히고자 하였고, 원격지 어촌 가운데 관광기능이 많이 분포하는 제주도 어촌을 대상으로 하였다. 연구 결과, 관광기능의 어촌공간상 위치가 「바다→바다·해안→해안」으로 이동해감에 따라 기존생산활동과 관광관련 활동은 「바다」와 「바다·해안」 단계의 보완관계로부터 「해안」 단계의 대체관계로 변화되며, 생산활동의 병행양식과 공간이용 양식에 있어 일정한 변화가 나타났다.

관광기능 위치에 따른 생산활동 병행양식은 생산활동이 「어디에서」이루어지는가에 의해 동일공간에서의 시간적 겸업과 상이한 공간에서의 공간적 겸업으로 구분된다. 기존생산활동과 관광관련 활동이 보완관계일 때 바다의 어로활동과 낚시의 병행양식은 시간적 겸업이고 이어지는 관광관련 활동 간 병행양식은 바다의 낚시와 해안의 관광기능으로 구성되는 공간적 겸업이며, 횟집과 민박을 비롯한 해안의 관광관련 활동이 기존생산활동을 대체하면 시간적 겸업의 관광관련 활동 간 병행과 전업의 관광관련 활동이 이어진다. 이는 관광관련 활동의 시간적 제약에 대한 대응에 있어 바다의 시간적 겸업은 기존의 어업활동과 유사한 관광관련 활동으로써, 공간적 겸업, 해안의 시간적 겸업, 전업 등은 관광관련 활동의 종류나 규모로써 이루어지고 있는 것을 의미한다.

관광기능 위치에 따른 관광관련 활동의 공간이용 양식에 대한 분석은 「어디에서」에 따른 생산활동 병행양식에다 「무엇이」라는 생산활동 내용이 더하여 이루어졌다. 시간적 겸업은 기존생산활동과 관광관련 활동의 보완관계와 대체관계에서 나타나고, 그 공간이용 양식은 보완관계에서는 「바다공간 유사이용」, 대체관계에서는 「해안공간 상이이용」 등이다. 그리고 두 시간적 겸업의 중간 단계인 공간적 겸업의 공간이용 양식이 「바다·해안 공간 상이이용」이므로, 관광지화 전체 과정에 있어 생산활동 병행의 공간이용 양식은 「바다공간 유사이용→바다·해안 공간 상이이용→해안공간 상이이용」으로 전개된다. 「바다공간 유사이용」은 기존의 어업활동이 이루어지는 바다에서 어로와 낚시가 병행됨으로써 새로운 생산활동인 관광관련 활동 참여에 대한 위험부담을 최소화하는 것이고, 「바다·해안 공간 상이이용」은 바다의 낚시와 해안의 관광기능의 관광관련 활동 간 결합으로서 관광관련 활동에 대한 참여가 확대됨을 의미한다. 그리고 「해안공간 상이이용」은 바다의 기존생산활동이 해안의 관광관련 활동으로 대체되어 해안의 횟집과 민박을 비롯한 관광기능들이 동일 건물에서 병행되는 것이고, 더 나아가 해안의 관광관련 활동이 단일 기능으로 존재하게 되면 「해안공간 동일이용」이 나타난다. 이러한 공간이용 양식의 전개과정은 專業으로서의 관광관련 활동에 대한 위험부담을 점차 완화해가는 것이라 볼 수 있다.

요컨대, 관광기능의 어촌공간상 위치에 따라 생산활동의 병행양식과 관광관련 활동의 공간이용 양식은 차이를 보이고 있다. 관광기능의 위치가 「바다→바다·해안→바다」로 변화됨에 따라 관광지화의 양상인 생산활동의 병행 양식은 「시간적→공간적→시간적」 차원으로 전개된다. 그리고 관광지화의 프로세스인 관광관련 활동의 공간이용 양식은 공간범위와 이용내용으로 구분하여 살필 수 있다. 공간범위는 「바다→바다·해안→해안」으로 변화함으로써 바다에서 바다·해안으로 확대되다가 바다·해안에서 해안으로 축소되고, 이용내용은 「유사이용→상이이용→동일이용」으로 전개됨으로써 유사이용에서 상이이용으로 다양화되다가 상이이용에서 동일이용으로 단일화된다.

3. 시사점: 문제와 대응전략

제주도 어촌의 관광지화 과정에서 나타난 문제점을 진단하고 이에 대한 대응전략을 간략하게 제시하고자 한다. 이는 관광기능의 위치, 주민 생산활동의 형태, 생산활동의 네트워크 등의 차원으로 구분할 수 있다.

첫째, 관광활동과 관광기능의 어촌공간상 위치 변화에 있어 관광활동은 「해안지향적→바다지향적」인 반면, 관광기능은 「바다지향적→해안지향적」이다. 이는 곧 수요자인 관광객의 관광활동이 생태지향적임에도 불구하고 공급자인 관광지주민의 관광기능은 개발지향적임을 의미하는 것이다. 관광기능이 바다에 위치하고 있다는 것은 해안에 비해 어촌 생태와의 관련성이 대체로 높아 바다의 관광기능은 해안에 비해 생태보전을 지향한다고 할 수 있기 때문이다.

더구나 관광기능 위치가 바다이고 생태를 지향한다고 하더라도, 어업과 관련되거나 어촌주민이 참여하는 것은 바다낚시가 대부분으로, 잠수활동은 세계적 관광자원임에도 불구하고 관광관련 활동과의 연계는 찾아보기가 쉽지 않다.

그리고 어촌 관광정책에 있어서도 목표는 생태지향적이나, 전략은 개발

196

지향적이라고 할 수 있다. 대표적인 예로는 개발 중심의 관광지·관광단지의 조성을 들 수 있다. 관광지·관광단지 조성의 문제점은 보전할 가치가 낮지 않은 곳을 대상으로 하여 개발 중심으로 이루어져 왔다는 것이다. 이의 심각성은 새로운 관광흐름인 생태관광에서 중요한 것은 보전가치가 높은 관광자원의 보유 정도라는 점을 고려하면 더해진다.

따라서 생태지향적 관광활동의 흐름에 일치하도록 하기 위해서는 관광관련 활동의 위치가 어촌공간 가운데 해안보다는 바다를 지향하는 것이 바람직하며, 희귀자원으로서 잠재력이 높은 잠수어업 관련 상품의 개발이 필요하다. 잠수어업은 주기적이지만 연중 계속되므로 관광의 계절성을 탈피하는 데에도 한 몫을 할 수 있다. 일반적으로 바다를 가지고 있는 어촌공간은 농촌공간보다 다양하므로, 어촌의 관광기능은 보다 특화될 수 있다. 관광지 기능이 특화될수록 어촌은 보다 더 넓은 수요공간을 확보할 수 있고, 지역 전체로서는 다양한 관광집단을 받아들일 수 있게 되는 것이다.

둘째, 관광관련 활동 형태의 변화는 「겸업→전업」의 양상을 보이나, 이는 관광활동의 생태지향적 추세와는 일치하지 않는 것이다. 관광관련 활동의 생산활동 형태는 앞에서 논의된 관광기능의 어촌공간상 위치와 무관한 것이 아니다. 관광기능의 위치가 「바다」이면 기존생산활동과 관광관련 활동의 병행이, 「바다·해안」이면 기존생산활동과 하나 또는 두 종류의 관광관련 활동 간 병행이 나타나고, 마지막 「해안」 단계에서는 관광관련 활동 간 병행, 전업의 관광관련 활동 등이 이루어진다.

관광관련 활동의 형태인 겸업 또는 전업에 따라 제주도 어촌의 관광개발과 생태보전의 양상은 차이를 보인다. 겸업인 경우 전업 형태보다 관광활동은 생태관광에 가깝고, 어업활동과의 관련성이 높다. 그리고 겸업의 형태는 전업에 비해 관광관련 활동 참여주체 또는 관광지 개발주체가 토착민인 경우가 많고, 관광관련 활동 종사자의 공간적 거주양식에 있어서도 지역과의 통합정도가 높았다.

따라서 어촌의 관광관련 활동은 전업 형태보다는 「기존생산활동과 관광관련 활동」, 「관광관련 활동과 관광관련 활동」과 같은 형태의 생산활동 병행이 관광객의 생태지향적 추세를 따르는 것이라 볼 수 있다. 그리고 이러한 생산활동의 병행은 계절성을 보이는 어촌 관광기능이 기능유지에 필요한 수요자를 또 다른 활동의 병행을 통하여 채우는 것으로, 전업 형태보다 위험 부담도 적어 관광지 주민의 참여가 용이하다.

셋째, 겸업이란 생산활동 형태는 생산활동 간 연계를 필요로 하고, 관련 활동의 연계는 어촌의 관광관련 활동을 더욱 풍부하게 하므로 어촌 관광의 네트워크화 방안을 제시해보고자 한다. 이는 주민의 생산활동과 관광객의 관광활동 차원으로 구분할 수 있다.

주민의 생산활동 차원에서는 바다와 해안이라는 공간이 통합되어 있으므로, 두 공간에서 이루어지는 생산활동도 통합되는 것이 바람직한 것으로 보인다. 바다와 해안의 주민 생산활동 간 통합의 내용으로는 바다의 어업활동과 해안의 관광관련 활동 간 통합, 바다의 관광관련 활동과 해안의 어업활동 간 통합, 바다의 관광관련 활동과 해안의 관광관련 활동 간 통합 등을 들 수 있다.

관광객 차원에서의 네트워크화 방안에 대한 것이다. 이는 관광활동 간과 관광활동과 비관광활동 간의 네트워크로, 관광활동 간의 네트워크는 공간적 차원과 부문적 차원으로 구분할 수 있다. 공간적 차원에서의 관광활동 간 네트워크화 방안은 바다와 해안에서 이루어지는 관광활동의 연계와 이의 매력도를 높이는 것이라고 할 수 있다. 이는 바다와 해안이 통합되어 있다는 어촌공간의 잠재력을 바탕으로 하는 것이다. 바다와 해안의 관광활동 간 연계는 바다가 자연환경과 생산공간에, 해안이 인문환경과 생활공간에 대체로 해당되므로 바다의 자연환경과 해안의 인문환경, 바다의 생산과 해안의 생활 등의 통합을 바탕으로 할 수 있다. 이러한 연계는 관광객으로 하여금 지역 생태의 유기적 연관성에 대한 인식을 제고시킴으로써 결국 보전에 이르게 할 뿐만 아니라, 공급공간의 확대를 통해 관광객이 오래 관광활동을 함으로써 주민 소득증대에 기여할 것이다. 그리고 바다와 해안의 관광활동 간 연계의 매력도를 높이는 것은 관광활동 연계의 특화도를 제고시킴으로써 수요공간의 확대를 통해 관광객이 멀리서 찾아오도록 할 것이다.

　관광활동 간 네트워크화 방안 가운데 부문적 차원의 경우에는 관광 콘텐츠로써 구성되는 네트워크의 유형화를 통해 제시될 수 있다. 이는 먼저 자연과 인문 콘텐츠의 결합을 들 수 있는데, 자연 콘텐츠에서는 대중관광과 생태지향적 관광에 관련된 것으로, 인문 콘텐츠에서는 생산활동과 생활양식과 관련된 것으로 구분하고 이들 간의 조합을 통해 네트워크의 유형이 도출된다. 나아가 생산활동과 생활양식 관련 인문 콘텐츠는 대중관광이나 문화지향적 관광과 관련된 것으로 세분되어 다른 콘텐츠들과 조합될 수 있다. 여기에서 생태·문화 지향적1) 관광과 대중관광 간의 결합을 염두에 둔 것은 실현 가능성이 보다 높기 때문이다. 즉, 관광의 흐름이 대중관광에서 생태·문화 지향적 관광으로 이동하고 있지만 대중관광은 관광객과 관광지 주민의 차원에서 여전히 필요한 것으로 인식되고 있어 보전·보존적인 생태·문화 지향적 관광만을 중시해서는 실현 가능성이 낮아지게 되는 것이다. 중요한 것은 지역 내부에서 보전·보존적인 생태·문화 지향적 관광과 그렇지 않은 대중관광에 적합한 공간들을 찾아내어 지역 전체적으로 조화를 여하히 이루어내는가에 있다고 할 수 있다.

　관광객 차원에서의 네트워크화 방안 가운데 관광활동과 비관광활동을 대상으로 하는 경우는 관광콘텐츠가 관광이 아닌, 그러나 관광과 밀접한 콘텐츠와 결합하는 것이다. 이러한 네트워킹은 관광활동과 거주활동, 관광활동과 급양활동, 관광활동과 교육활동, 관광활동과 노동활동 등으로 구분될 수 있다. 관광활동과 거주활동의 결합은 상시 또는 임시 거주와 여가의 병행으로 구성된다. 관광활동과 급양활동, 관광활동과 교육활동의 결합은 관광객의 관광활동과 급양 또는 교육 활동이 동시에 또는 시차를 두고 이루어지는 것으로, 관광지의 차원에서는 관광기능뿐만 아니라 급양 또는 교육

---

1) 여기에서 문화와 생태는 각각 인문환경과 자연환경을 주요 대상으로 하고 있다. 이에 따라 문화·생태라는 개념은 대도시에서는 보전 상태가 양호하지 않은 자연환경은 대체로 배제되어 인문환경을 주로 뜻하는 반면, 농촌에서는 지역의 고유한 인문환경뿐만 아니라 보전 상태가 양호한 자연환경도 포함하게 되는 것이다.

기능에서도 관광지화에 따른 파급효과가 직접적으로 나타나게 된다. 그리고 관광활동과 노동활동의 결합은 예컨대 노동의 장소를 선정하는 데에 있어 관광지가 유리하게 작용하도록 하는 것을 들 수 있다.

이러한 네트워크화 방안들은 관광지 내부에서 공간적으로 보다 확대되면 관광지와 인접 장소, 관광지 주민과 그 외부의 관광객 사이에서도 이루어지는 것이 바람직하다. 해당 관광지와 인접한 다른 곳을 연계시킴으로써 얻을 수 있는 효과는 예컨대 관광기능이 위치하지 않는 장소도 관광지에 인접함으로써 관광지의 보전·보존적인 이미지를 함께 지님으로써 농수산물 가치가 높아지는 것을 들 수 있다(박상로, 2001). 그리고 관광지 주민과 그 외부의 관광객 간 연계는 관광지를 다시 찾을 수 있도록 하는 것으로, 예를 들면 관광지에 찾아왔던 학생이 관광지의 생태환경에 대해 집에서 체험하며 물어오고 주민은 이에 답함으로써 관광지를 다시 찾고 싶도록 관광지의 매력도를 높일 수 있다.[2]

요컨대, 관광기능의 위치, 주민 생산활동의 형태, 생산활동의 네트워크 등과 관련되어 제시된 방안들은 모두 문화·생태지향적 관광개발로 집약된다고 할 수 있다. 생산활동의 네트워크화는 관광기능의 위치가 바다인 경우와 주민 생산활동의 형태가 겸업인 경우에 보다 활성화될 수 있고, 이는 결국 그 지역에 보존·보전되어온 문화·생태를 바탕으로 하는 것이다. 이러한 문화·생태지향적 관광개발은 기본적으로 지역의 문화·생태를 기반으로 함으로써 관광자원으로서의 매력도를 높일 뿐만 아니라 지역과의 연계 정도도 강화되는 것을 의미한다.

---

2) 이러한 예는 강원도 화천군 토고미마을에서 찾아볼 수 있다. 호박 재배의 경우 호박씨를 집에 가져 가서 심고 이를 가져오면 마을에서 키워주고 수확한 호박을 보내준다. 또한 학생들은 집에서 이메일로 호박의 성장 상태 등에 대해서 이장과 연락을 주고받는다.

참고 문헌

(1) 국내 문헌

강도형 외, 2000, "제주도 종달리 체험어장의 환경적 특성과 발전 방향", 제주도연구 18집, pp.151-171, 제주학회.

강정일 외, 1997, 어항지정개발에 관한 조사연구, 해양수산부.

孔龍植, 崔正銃, 李康雨, 1984, "漁村開發을 위한 社會·經濟的 研究", 수산경영논집, 제15권 제2호, 수산대학 한국수산경영학회, pp.39-124.

權赫在, 1995, 韓國地理: 각 地方의 自然과 生活, 法文社.

金炳文, 1987, "韓國 觀光地의 季節別 主·從 形態에 關한 研究", 地理學研究 第12輯, 韓國地理敎育學會, pp.35-67.

金芙聲, 1996, "천수만 지역의 어촌분포와 변화", 문화역사지리, 제8호, 韓國文化歷史地理研究會, pp.19-36.

김성귀, 1999, "21세기 제주도 해양관광 개발전략", 제주도와 21세기 해양 정책 포럼, 한국해양수산개발원, 제주발전연구원, pp.6: 1-24.

金成貴, 金鍾悳, 崔聖愛, 1999, 小規模漁港 開發 類型 研究: 육지 소규모어항을 중심으로, 韓國海洋水産開發院.

김영돈, 1999, 한국의 해녀, 민속원.

김은희, 1994, 제주潛嫂의 생활사: 사례연구를 중심으로, 고려대학교 석사학위논문.

金日基, 1998, "觀光地化에 따른 東海岸 漁村의 變化", 문화역사지리, 제10호, 韓國文化歷史地理研究會, pp.15-37.

金周煥, 張載勳, 許宇亘, 1977, 空間構造: 지리학 입문서, 乙支出版社.

金昌民, 1994, 환금작물경제에 대한 제주농민의 문화적 저항, 서울大學校

博士學位論文.

농림부, 1996, 어촌지역 관광개발에 관한 연구.

牧志 吳洪晳博士華甲紀念論文集 刊行委員會 編, 1995, 韓國의 農漁村과 環境研究.

문화체육부, 1997, 가족관광휴가촌모델개발연구.

박광순, 1998, 바다와 어촌의 사회 경제론: 한·일 비교분석, 전남대학교출판부.

박상로, 2001, 생태관광이 지역개발의 수단으로서 갖는 특성, 서울대학교 석사학위논문.

박성쾌, 신영태, 옥영수, 김정봉, 1995, 어장·어항·어촌을 통합한 어촌종합개발 모형수립에 관한 연구. 한국농촌경제연구원.

朴星快, 玉永秀, 李希燦, 1988, 沿岸漁場의 利用.管理에 관한 基礎研究, 韓國農村經濟研究院 研究報告 177.

朴淑姬, 1993, 餘暇空間의 形成過程과 餘暇活動 -大關嶺地域을 中心으로, 慶熙大學校 博士學位論文.

박영한, 안영진(역), 1998, 사회 지리학: 사회공간이론과 지역계획의 기초, 法文社.

朴泰和, 1992, "養殖漁家와 非養殖漁家의 비교연구 -迎日郡 只杏面 牟浦里의 경우 -" 地理學 제27권 제2호, 大韓地理學會, pp.85-99.

朴賢淑, 1988, 濟州島 "민속마을"의 觀光現象에 관한 研究: 관광체계에 따른 인류학적 접근분석, 서울大學校 人類學科 碩士學位論文.

백선혜, 1997, 대도시 주변 어촌의 기능변화 -울산시 강동면 정자리를 사례로-, 서울대학교 지리학과 석사학위논문.

송성대, 1980, 觀光地域의 都市化 研究: 제주시의 사례를 중심으로, 경희대학교 석사학위논문.

1998, 문화의 원류와 그 이해, 파피루스.

송재호, 1997, "국제관광과 섬(島): 변화와 아이덴티티", 제주도연구 14집, pp.193-224, 제주도연구회.

양선아, 1999, 지방의 문화관광과 지역 정체성의 재구성: 제주도 사례를 중심으로, 서울대학교 인류학과 석사학위논문.

嚴基哲, 黃聖秀, 李凡洙, 1997, 島嶼地域의 接近性 改善方向에 관한 研究, 국토개발연구원.

吳南三, 1991, 觀光地 住民의 觀光行態에 관한 研究: 西歸浦市를 事例地域으로 하여, 서울大學校 地理學科 博士學位論文.

옥영수, 1993, 어가의 정의에 관한 연구, 한국농촌경제연구원 연구보고 279.

옥영수, 주우일, 1984, 공동어장 이용합리화 방안, 한국농촌경제연구원.

柳旺烈, 1967, "흑산도의 취락연구: 주로 어촌취락의 構成과 機能을 中心으로", 목포교육대학 논문집, 제1집, pp.57-68.

柳佑益, 1985, "農村地域의 空間的 特性과 開發戰略", 농촌지역 종합개발 연구의 과제, 한국농촌경제연구원, pp.69-101.

      1988, 農村地域下位中心地體系의 改善方案, 제6차 農漁村地域綜合開發워크숍, 한국농촌경제연구원, pp.1-23.

      1992, "지역개발에 있어 환경윤리의 문제", 地理學, 제46호, 大韓地理學會, pp.29-45.

尹應範, 1987, "東海岸 漁村의 地理的 研究 ‐襄陽郡 懸南面 南涯里를 中心으로‐" 熊津地理, 제13호, 公州大學校 地理教育科, pp.1-25.

李起旭, 1984, 島嶼文化의 生態學的 研究: 濟州島 隣近K島를 中心으로, 서울大學校 人類學科 碩士學位論文.

李起旭, 1995, 濟州道 農民經濟의 變化에 관한 研究, 서울大學校 人類學科 博士學位論文.

李文鍾, 1996, "村落地理學 50년(1945-1995)의 回顧와 展望", 대한지리학회지 31(2), pp.231-232.

이상철, 1998, "제주도 개발정책과 도민 태도의 변화", 제주사회론 2, pp.99-136, 한울아카데미.

이연택 편역, 1994, (학제적 접근에서 본) 관광학연구의 이해, 일신사.

李在天, 1993, 觀光漁村의 形成과 地域構造에 관한 研究, 慶熙大學校 博士

學位論文.

張保雄, 1988, "全南 島嶼地方 漁村의 構造와 機能 －漁村共同體를 중심으로－" 地理學, 제38호, 大韓地理學會, pp.1-13.

全京秀 編, 1992, 韓國 漁村의 低發展과 適應, 집문당.

전경수 편, 1994, 관광과 문화, 일신사.

전경수, 한상복, 1999, 제주 농어촌의 지역개발, 서울대학교 출판부.

鄭鎭元, 1991, 韓國의 自然村落에 관한 研究 －形成과 形態를 中心으로－, 서울大學校 地理學科 博士學位論文.

濟州大 地域發展研究所, 북제주군, 1992, 民泊利用 實態와 利用度 提高 方案.

濟州大學校 海洋研究所 , 1997, 2000년대의 濟州水產業의 發展 方向.

제주발전연구원, 2001, 자연친화적인 마라도 종합발전계획.

濟州市愚堂圖書館 譯, 1995, 濟州島의 地理的研究: 1930年代의 地理・人口・產業・出稼 現況 等, 田一二 著.

지연희, 1994, 지역개발과정에서의 정부의 역할에 대한 연구: 중문관광단지 개발 사례를 중심으로, 연세대학교 석사학위논문.

한국관광공사, 1993, 관광단지 개발사업 활성화 방안

한국관광공사, 1997, 관광개발관련법규종합체계화연구: 관광(단)지 사업 시행자 중심으로.

한국농촌경제연구원, 1995, 어촌지역의 관광사업 실태와 개발과제.

한국정신문화연구원, 1991, 민족문화대백과사전 14, 15.

韓圭高, 1993, 共同漁場과 漁村: 그 制度와 生產을 中心으로. 참한출판사.

韓圭高, 1996, 漁村 經濟構造의 觀察: 그 制度와 生產을 中心으로, 참한.

韓大玄, 1980, "嶺東地方에 있어서 民泊地域 形成에 관한 研究: 觀光地 周邊 漁村을 中心으로", 江陵大學 論文集, 제1집, pp.5-30.

한림화, 1987, 제주바다 潛嫂의 四季, 한길사.

韓相福, 1976, "漁村과 農村의 生態的 比較", 韓國文化人類學 8, pp.87-90.

韓相福, 1978, "韓國의 漁業과 漁村生活의 變化 研究", 태평양장학문화재단

연구논문집, 2, pp.86-117.

허윤정, 1995, 계절성 관광지 이동상인의 행태에 관한 연구, 건국대학교 석사학위논문.

홍현철, 김일봉, 1992, "관광지에 대한 접근성과 네트워크 구조의 계절변화", 관광지리학 제2집, 한국관광지리학회, pp.351-368.

黃起亨, 金成貴, 李鍾勳, 1998, 國內 海洋觀光의 實態分析 및 發展方案 研究, 韓國海洋水産開發院.

(2) 국외 문헌

淡野明彦, 1998, 觀光地域の形成と現代的課題, 古今書院, 東京.

山岡榮市, 1979, 漁村社會學의의 研究, 大明堂, 東京.

山村順次, 1990, 觀光地域論: 地域形成と環境保全, 古今書院, 東京.

西日本漁業經濟學會 編, 1977, 經濟發展と水産業.

石井英也, 1992, 地域變化とその構造: 高度經濟成長期の農山漁村, 二宮書店, 東京.

藪內芳彦, 1960, "漁港集積の經濟空間的秩序", 人文研究, 11-2, 大阪市立大學文學部.

柿本典昭, 1987, 漁村研究: 水産地理學への 道標. 大明堂, 東京.

齊藤輝二, 1981, 漁業集落計劃に關する基礎的研究: 漁業集落の空間構造の解明, 京都大學博士學位申請論文.

中村周作, 1988, "漁村－背域農村關係の地域的展開: 串木野市羽島地區の事例", 人文地理, 第40卷 第2號, pp.82-96.

八木庸夫 編, 1992, 漁民 その社會と經濟. 北斗書房.

鶴田英一, 1994, "觀光地理學の現狀と課題－日本と英語圈の研究の止揚に向けて", 人文地理, 第46卷 第1号, pp.67-84.

Ashworth, G. J., Dietvorst, A. G. J.(eds.) 1995, Tourism and Spatial Transformations, CAB International, Wallingford, Oxon, UK.

Brandt, V. S. R., 1971, A Korean Village: between Farm and Sea, Harvard University Press.

Butler, R. W., 1980, "The concept of a tourist area cycle of evolution: implications for management of resources," Canadian Geographer, Vol.24 No.1, pp.5-12.

Butler, R., Hall, C. M., Jenkins J. M.(eds.), 1998, Tourism and Recreation in Rural Areas, J. Wiley, New York.

Cater, E., Lowman, G.(eds.), 1994, Ecotourism: a Sustainable Option?, John Wiley & Sons, New York.

Chambers E.,(ed.), 1997, Tourism and Culture: an Applied Perspective, State University of New York Press.

Conlin, M. V., Baum, T.(eds.), 1995, Island Tourism: Management Principles and Practice, Wiley & Sons, West Sussex, England: New York.

Cooper, C., 1989, "Tourist product life cycle," Witt, S., Moutinho, L.(eds), Tourism Marketing and Management Handbook, Prentice Hall, London.

Gartner, W. C., 1996, Tourism Development: Principles, Processes, and Policies, Van Nostrand Reinhold, New York.

Getz, D., 1986, "Models in tourism planning," Tourism Management, Vol.7 No.3, pp.21-32.

Hall, C. M., Lew, A. A., 1998, Sustainable Tourism: A Geographical Perspective, Longman, England.

Hohl, A. E., Tisdell, C. A., 1993, Tourism Development in Peripheral Regions: General Aspects and the Example of Cape York Peninsula, Australia, Discussion Paper, No.134, The Dept., St. Lucia, Qld., Australia.

Ioannides, D., Debbage, K. G.(eds.), 1998, The Economic Geography of the Tourist Industry: a Supply-Side Analysis, Routledge, London, New York.

Kakimoto, N., 1987, "Fishing communities and the geography of fishery," Geographical Review of Japan Vol.60(Ser.B), No.2, pp.203-211.

Keller, C. P., 1987, "Stages of peripheral tourism development−Canada's Northwest Territories," Tourism Management, Vol.8 No.3, pp.20-32.

Lockhart, D. G., Drakakis-Smith, D. 1993, Development Process in Small Island States, Routledge, London.

Lockhart, D. G., Drakakis-Smith, D. 1997, Island Tourism: Trends and Prospects, Pinter, London.

Maiolo, J. R., Orbach, M. K., (eds.), 1982, Modernization and Marine Fisheries Policy, Ann Arbor Science, Michigan.

Morrill, R. L., 1979, On the Spatial Organization of the Landscape, Royal University of Lund, Lund.

Oppermann, M., 1993, "Tourism space in developing countries," Annals of Tourism Research, Vol.20, No.3, pp.535-560.

Pearce, D., 1989, Tourist Development, Harlow: Longman Scientific & Technical.

Pearce, D., 1995, Tourism Today: A Geographical Analysis, Wiley, New York.

Pearce, D. G., Butler, R. W., 1999, Contemporary Issues in Tourism Development, Routledge, London.

Ringer, G.(ed.), Destinations: Cultural Landscapes of Tourism, Routledge, London.

Sang-Bok Han, 1977, Korean Fishermen: Ecological Adaptation in Three Communities, Seoul National University Press.

Spoehr, A.(ed.), 1980, Maritime Adaptations: Essays on Contemporary Fishing Communities, University of Pittsburgh.

Taaffe, E. J., Morrill, R. L., and Gould, P. R., 1963, "Transport expansion in underdeveloped countries: a comparative analysis," Geographical Review, Vol.53, pp.503-529.

Ulijaszek, S. J., Strickland, S. S.(eds.), 1993, Seasonality and Human Ecology: 35th Symposium Volume of the Society for the Study of Human Biology, Cambridge University Press.

Young, B., 1983, "Touristization of traditional Maltese fishing-farming villages," Tourism Management, Vol.4 No.1, pp.35-41.

(3) 자 료

강정향토지 편찬위원회 편, 1996, 강정향토지.

建設部, 1974, 濟州觀光綜合 開發計劃: 基本計劃調査.

高東禧 編, 2000, 高山鄕土誌, 高山鄕土誌 發刊委員會.

國立水産振興院, 1988, 沿岸漁場 基本調査報告書.

김순이 외, 1986, (우리나라 으뜸마을) 咸德里.

南濟州郡, 1986, 南濟州郡誌.

남제주군, 각 년도, 통계연보.

대포동 마을회, 2001, 큰 갯마을.

문화관광부, 각 년도, 관광동향에 관한 연차보고서.

北濟州郡, 2000, 北濟州郡誌.

북제주군, 각 년도, 통계연보.

水産業協同組合中央會, 1995, 1997, 漁村契現況.

이성무, 1996, 불란지야 불싸지라.

제민일보, "제주의 포구", 1992년 6월~1995년 1월.

濟州大學校 耽羅文化硏究所, 1989, 1990, 1991, 濟州島 部落誌.

濟州道, 1993, 濟州道誌, 濟州道.

제주도, 1998, 제주도 어업경영 실태 조사 보고서.

제주도, 2000, 해양수산현황.

제주도, 각 년도, 제주통계연보.

제주도청, 2000, "제주의 마을", 제주도청 홈페이지(http://www.jeju.go.kr).

濟州文化放送株式會社, 1991, 濟州有人島學術調査.

濟州市, 1985, 濟州市 三十年史.

조선총독부, 1910, 한국수산지.

종달리, 1987, 地尾의 脈: 종달리지.

중문관광어촌(주), 1991, 베릿내(星川浦) 학술조사보고서.

중앙방송, 2000, VTR, 남쪽 끝 초록빛 섬 마라도, 자연의 마지막 이름 섬 17.

한국관광공사, 1999, 외래관광객 실태조사.

한국관광공사, 2000, 1999년도 국민여행실태조사.

한국관광연구원, 1999, '99 국민여행 행태조사.

해양수산부, 각 년도, 해양수산통계연보.

해양수산부, 어업총조사 보고 1980, 1990, 1995.

부 록

Ⅰ. 제주도 어촌별 어촌계원과 인구수의 추이

동 · 리*	어촌계원 수			인구수		
	1966년	1997년	변화율(%)	1967년	1997년	변화율(%)
제주도	11,634	14,588	25.3	165,723	161,768	-2.3
제주시	332	382	15.0	10,243	18,224	77.9
삼양1,3동	39	79	102.5	2,528	3,333	31.8
화북1동	56	57	1.7	2,569	10,299	300.8
도두1,2동	99	96	-3.0	2,748	1,954	-28.8
이호1동	96	99	3.1	1,394	1,482	6.3
외도2동	42	51	21.4	1,004	1,156	15.1
서귀포시	513	760	48.1	18,663	24,169	29.5
하효동	24	68	183.3	3,816	4,273	11.9
보목동	118	153	29.6	2,441	2,710	11.0
법환동	107	143	33.6	3,294	4,364	32.4
강정동	48	166	245.8	2,693	5,618	108.6
대포동	88	86	-2.2	1,651	1,580	-4.3
중문동	41	34	-17.0	3,002	4,269	42.2
하예동	87	110	26.4	1,766	1,355	-23.2
북제주군	6,372	8,231	29.1	83,279	68,242	-18.0
한림읍	1,274	1,537	20.6	14,223	12,847	-9.6
한림1리	95	160	68.4	2,995	3,906	30.4
옹포리	63	206	226.9	1,641	1,608	-2.0
협재리	269	120	-55.3	1,546	1,071	-30.7
금능리	142	293	106.3	1,711	1,299	-24.0
월령리	88	88	0.0	732	491	-32.9
비양리	32	88	175.0	248	178	-28.2
귀덕1리	78	101	29.4	2,187	1,510	-30.9
귀덕2리	168	153	-8.9	983	709	-27.8
수원리	273	167	-38.8	1,404	1,266	-9.8
한수리	66	161	143.9	776	809	4.2

동 · 리[*]	어촌계원 수			인구수		
	1966년	1997년	변화율(%)	1967년	1997년	변화율(%)
애월읍	**787**	**575**	**-26.9**	**11,381**	**11,781**	**3.5**
하귀1리	105	131	24.7	1,168	1,980	69.5
하귀2리	143	92	-35.6	2,160	3,226	49.3
구엄리	91	79	-13.1	955	915	-4.1
신엄리	134	29	-78.3	1,065	963	-9.5
고내리	45	70	55.5	957	863	-9.8
애월리	208	109	-47.5	2,363	2,013	-14.8
곽지리	61	65	6.5	2,713	1,821	-32.8
구좌읍	**1,859**	**3,154**	**69.6**	**22,129**	**16,223**	**-26.6**
종달리	168	322	91.6	2,430	1,553	-36.0
하도리	381	608	59.5	3,708	2,433	-34.3
세화리	108	83	-23.1	2,306	2,452	6.3
평대리	268	356	32.8	2,669	1,815	-31.9
한동리	156	314	101.2	2,141	1,585	-25.9
행원리	136	323	137.5	1,666	1,099	-34.0
월정리	93	251	169.8	1,688	900	-46.6
동김녕리	242	409	69.0	2,551	2,142	-16.0
서김녕리	181	310	71.2	2,121	1,563	-26.3
동복리	126	178	41.2	849	681	-19.7
조천읍	**631**	**564**	**-10.6**	**15,710**	**16,866**	**7.3**
북촌리	218	268	22.9	1,540	1,467	-4.7
함덕리	89	81	-8.9	5,479	5,821	6.2
신흥리	124	68	-45.1	895	721	-19.4
조천리	85	86	1.1	4,620	4,948	7.0
신촌리	115	61	-46.9	3,176	3,909	23.0
한경면	**690**	**967**	**40.1**	**9,707**	**5,348**	**-44.9**
용수리	64	154	140.6	1,404	593	-57.7
고산1리	122	175	43.4	2,854	2,101	-26.3
판포리	162	122	-24.6	1,622	664	-59.0
두모리	93	157	68.8	1,279	590	-53.8
신창리	174	255	46.5	1,795	1,053	-41.3
용당리	75	104	38.6	753	347	-53.9
추자면	**658**	**577**	**-12.3**	**6,493**	**3,314**	**-48.9**
대서리	188	209	11.1	2,184	1,466	-32.8
영흥리	109	110	0.9	1,058	686	-35.1
묵리	111	68	-38.7	869	299	-65.5
신양1, 2리	177	127	-28.2	1,523	610	-59.9
예초리	73	63	-13.6	859	253	-70.5
우도면	**473**	**857**	**81.1**	**3,636**	**1,863**	**-48.7**

동·리[*]	어촌계원 수			인구수		
	1966년	1997년	변화율(%)	1967년	1997년	변화율(%)
남제주군	4,417	5,215	18.0	53,538	51,133	-4.4
대정읍	417	1,170	180.5	13,267	12,869	-2.9
상모1, 2, 3리	66	260	293.9	3,462	4,099	18.3
하모1, 2, 3리	94	446	374.4	6,320	6,331	0.1
가파리,마라리	176	209	18.7	1,080	583	-46.0
동일1, 2리	36	91	152.7	1,145	966	-15.6
일과2리	37	59	59.4	592	593	0.1
신도2리	8	105	1212.5	668	297	-55.5
남원읍	724	991	36.8	12,623	14,794	17.1
위미1리	31	117	277.4	1,671	1,959	17.2
위미2, 3리	107	192	79.4	2,355	3,175	34.8
신례2리	13	67	415.3	616	728	18.1
하례1리	95	49	-48.4	1,177	1,382	17.4
태흥1리	40	90	125.0	1,061	893	-15.8
태흥2리	121	164	35.5	1,430	1,504	5.1
태흥3리	90	86	-4.4	443	533	20.3
신흥1리	121	83	-31.4	1,221	1,139	-6.7
남원1리	106	143	34.9	2,649	3,481	31.4
성산읍	2,425	1,946	-19.7	12,916	10,605	-17.8
성산리	358	366	2.2	2,053	2,438	18.7
오조리	239	200	-16.3	1,309	1,069	-18.3
시흥리	164	185	12.8	1,756	1,259	-28.3
고성리,신양리	589	414	-29.7	1,363	1,049	-23.0
신산리	369	150	-59.3	1,815	1,452	-20.0
삼달2리	234	99	-57.6	387	255	-34.1
신풍리	80	85	6.2	994	675	-32.0
신천리	178	155	-12.9	1,084	860	-20.6
온평리	214	292	36.4	2,155	1,548	-28.1
안덕면	161	420	160.8	8,415	5,997	-28.7
대평리	86	94	9.3	1,002	681	-32.0
화순리	15	108	620.0	2,789	2,756	-1.1
사계리	60	218	263.3	4,624	2,560	-44.6
표선면	690	688	0.2	6,317	6,868	8.7
표선리	206	377	83.0	3,604	4,285	18.8
하천리	265	104	-60.7	1,428	1,166	-18.3
세화2리	181	143	-20.9	687	755	9.8
토산2리	38	64	68.4	598	662	10.7

214

* 동·리의 공간적 단위에 대한 조정은 다음과 같은 세 과정을 거침.

① 어촌계원 수의 공간적 단위에 대한 조정은 다음과 같다.

조정 내용	66년 어촌계	97년 어촌계
통합된 경우: 1997년 어촌계 기준	미수동, 가문동	북제주군 애월읍 귀일
	중엄리, 구엄리	북제주군 애월읍 구엄
	삼양1동, 삼양3동	제주시 삼양
분리된 경우: 1966년 어촌계 기준	신도	남제주군 대정읍 신도, 영락
	판포	북제주군 한경면 판포, 금등
	우도	북제주군 우도면 천진, 서광, 오봉, 조일

② 인구수의 공간적 단위는 행정리 또는 법정동으로 하였고, 이에 대한 조정은 다음과 같다.

조정 내용	1967년	1997년
분리된 경우: 1967년 기준	신양리	북제주군 추자면 신양1, 2리
	연평리	북제주군 우도면 천진리, 서광리, 오봉리, 조일리
	상모리	남제주군 대정읍 상모1, 2, 3리
	하모리	남제주군 대정읍 하모1, 2, 3리
	동일리	남제주군 대정읍 동일1, 2리
	가파리	남제주군 대정읍 가파리, 마라리
	위미2리	남제주군 남원면 위미2, 3리

③ 어촌계원과 인구수의 공간적 단위 간 조정은 다음과 같다.

조정 내용	어촌계의 공간적 단위	인구의 공간적 단위
어촌계가 배후어촌을 포함하는 경우: 어촌계는 중심＋배후어촌, 인구는 중심어촌 단위로 함	한림	한림1리
	고성·신양	신양
하나의 중심어촌에 어촌계가 둘인 경우: 어촌계를 합함	용운, 수원	수원
하나의 어촌계에 중심어촌이 둘인 경우: 중심어촌을 합함	곽지	곽지, 금성

Ⅱ. 제주도 어촌별 관광기능의 분포

어촌 (동·리)*	관광기능			
	낚시어선 (2001년)	수산물 채취·채포 어장(2000년)	횟집(수산물조리점) (2000년)	민박 (1999년)
제주도	157	2	143	683
제주시	15(1999년)		23	13
삼양동	1		1	1
화북1동	1		4	
도두1동			6	
도두2동			1	
이호1동	13		5	12
외도2동			6	
서귀포시	11		19	44
하효동			1	
보목동			1	
법환동	4		4	
강정동			3	2
대포동	3		5	6
중문동	4		2	30
하예동			3	6
북제주군	86	2	55	474
한림읍	13		12	110
한림1리	6		1	1
옹포리	1		1	1
협재리	4		2	76
금능리	1		1	22
비양리			1	5
귀덕리			5	5
수원리	1		1	
애월읍	5		13	47
하귀리			3	6
구엄리	1		1	1
고내리	1		1	1
애월리	1		6	14
곽지리	2		2	25

* 공간적 단위는 법정동 또는 행정리를 원칙으로 하였으나, 이를 확인할 수 없는 경우에는 각각 행정동 또는 법정리로 하였음.

어촌 (동·리)[*]	관광기능			
	낚시어선 (2001년)	수산물 채취·채포 어장(2000년)	횟집(수산물조리점) (2000년)	민박 (1999년)
구좌읍	2	2	16	43
종달리		1	2	3
하도리			2	7
세화리			2	5
한동리			1	
월정리			3	6
동김녕리	2		3	15
서김녕리				7
동복리		1	3	
조천읍	18		8	144
북촌리	6		3	9
함덕리	11		3	135
신흥리			1	
조천리	1		1	
한경면	28		4	16
용수리	3			3
고산리	25		3	13
판포리			1	
추자면	17			51
대서리	5			15
영흥리				3
묵리	2			9
신양1, 2리	9			13
예초리	1			11
우도면	3		2	63
천진리			2	6
서광리				24
오봉리	2			24
조일리	1			9

어촌 (동·리)[*]	관광기능			
	낚시어선 (2001년)	수산물 채취·채포 어장(2000년)	횟집(수산물조리점) (2000년)	민박 (1999년)
남제주군	45		46	152
대정읍	6		7	10
상모1, 2, 3리			1	
하모1, 2, 3리	4		5	2
가파리	2			1
마라리			1	7
남원읍	1		8	6
위미리	1		2	
신례2리			2	
태흥리			1	1
하례리				1
신흥1리			1	
남원1리			2	4
성산읍	20		14	84
성산리	10		9	53
오조리			3	6
시흥리	3			
신양리	3		2	24
온평리	4			
신산리				1
안덕면	16		13	44
대평리			2	5
화순리	2		6	24
사계리	14		5	15
표선면	2		4	7
표선리	2		4	7

자료: 민박: 제주도, 1999, "관광정보", 제주도 홈페이지(http://www.jeju.go.kr).
　　　낚시어선: 제주시는 제주도 홈페이지(http://www.jeju.go.kr), 서귀포시는 주민면담,
　　　　　　북제주군과 남제주군은 내부자료.
　　　횟집: 한국통신, 2000, 전화번호부.

III. 사례어촌의 관광관련 활동 종사자별 생산활동의 종류와 결합의 변화1)

⇒이주　　　　　　　　　　　→생산활동 종류의 변화

-> 생산활동 종사자의 변화2)　　⋯생산활동 장소의 변화3)

＋생산활동 참여　　　　　　－생산활동 포기

夫: 남편 婦: 아내 父: 아버지 子: 아들 男: 미혼남 女: 미혼녀

80(90) 초(중)(말): 1980(1990)년대 초(중)(말)

1. 고산1리

(1) 관광관련 활동 종사자(중심어촌 거주자)

－ 횟집, 잡화점, 민박
어로→＋임시민박(80초) ->→＋낚시＋횟집(80중)⇒(귀환이주)->－어로＋상시민박 낚시(자영→고용)(90말)
　　민박 거주　　　　　　어로 낚시(夫)　　　　　　횟집 민박(가구·고용)
　　　　　　　　　　　　어로 낚시 횟집(가구)　　　낚시(고용)

도외(화물선 선원, 기능공) ⇒(귀환이주) 낚시 잡화점 건조4)(90말)
　　　　　　　　　　　　　　　　낚시 잡화점(夫)
　　　　　　　　　　　　　　　　건조 잡화점(婦)

도내⇒어로(70말)→＋횟집(80초)→＋낚시(80말)→＋낚시(고용)(90초)→－어로＋민박(90말)
　　어로 횟집(가구) 어로 낚시(夫)　　　　　　　　횟집 민박(가구·고용)
　　　　　　　　　　　　　　　　　　　　　　　　낚시(고용)

---

1) 관광기능 종사자별 생산활동 이력에 있어 위의 것은 생산활동 종류의 변화이고, 아래의 것은 생산활동 결합의 변화임. 아래의 생산활동 결합에 있어 위의 생산활동 종류와 동일한 경우는 제외하였다.
2) 생산활동 종사자가 바뀌더라도 생산활동 내용이 동일하면 생산활동 병행양식 분석에서는 포함시키지 않았다.
3) 이전의 관광관련 활동 장소에서의 생산활동 내용은 그 장소에서 분석되므로 생산활동 병행양식의 분석에서는 제외하였다.
4) 낚시, 잡화점, 건조 등 가구단위의 결합은 남편 단위의 낚시와 잡화점, 아내 단위의 건조와 잡화점 등으로 분석되므로 제외하였다.

잠수 → 민박(90말)
　　　　잠수 민박(가구)

원양어선 선원(90중) ⇒ (귀환이주) 어로 잡화점(90말)

도내(택시기사)　⇒　횟집(80중)　→　+어로+낚시(90초)　→　+민박(90말)
　　　　　　　　　　　　　　　어로 낚시(夫)　　　　　　横집 민박(婦)
　　　　　　　　　　　　　　　어로 낚시 횟집(가구·고용)

도외　⇒　(귀환이주) 어로 낚시 건조(90중)　→　+민박(90말)
　　　　　　　　어로 낚시(夫)　　　　　　건조 민박(婦)
　　　　　　　　어로 낚시 건조(가구)

어로 잠수(70초)　→　+낚시(80말)　→　+건조(90초)　→　+민박(90말)
　　　　　　　　어로 낚시(夫)　잠수 건조(婦)　　잠수 건조 민박(婦)

어로(80초)　→　+낚시(80중)　→　+민박관리(90중)
　　　　　어로 낚시(夫)　　어로 낚시 민박관리(가구)

도외 ⇒ 횟집종업원 건조(90말)(婦)

－ 낚시

어로(80중)　→　+낚시(90말)
　　　　　어로 낚시(男)

어로(70초)　→　+낚시(80말)　→　+건조(90초)
　　　　　어로 낚시(夫)　　어로 낚시 건조(가구)

도내(밀감농사→비어업)　⇒　낚시선원 오징어판매(90말)

도외　⇒　낚시선원 건조(90초)

어로(60초)　→　+낚시선원(80말)　→　+건조(90초)
　　　　　어로 낚시(夫)　　　어로 낚시 건조(가구)

어로(70초)　→　+낚시(80중)　→　+건조(90초)
　　　　　어로 낚시(夫)　　어로 낚시 건조(가구)

어로(80중) 잠수　→　+낚시(90말)
　　　　　어로 낚시(夫)

어로(70초) 잠수　→　+낚시(90말)
　　　　　어로 낚시(夫)

어로(60초) 잠수　→　+낚시(80말)
　　　　　어로 낚시(夫)

잠수 농사(70중)　→　－농사+어로+건조(80중)　→　+낚시(90말)
　　　　　　잠수 어로 건조(婦)　　　　어로 낚시(婦)

어로 잠수　→　+낚시(90말)　→　+오징어판매
　　　　　어로 낚시(夫)　　잠수 오징어판매(婦)

(2) 관광관련 활동 종사자(배후어촌 거주자)

- 횟집, 잡화점, 민박

농사 → -농사+낚시+횟집(80말) → +건조(90초) → +민박(90말)
　　　　　　낚시 횟집(가구·고용)　　　횟집 건조(婦·고용)　　횟집 민박5)(婦·고용)

농사 → 잡화점 건조(90초)

어로 → +낚시(90초) → +낚시점+잡화점(90중)
　　　　　　어로 낚시(夫)　　　어로 낚시 낚시점 잡화점(가구)

- 낚시

어로(80중) → +낚시(80말)
　　　　　　　　어로 낚시(夫)

어로(80중) → +낚시(90초)
　　　　　　　　어로 낚시(夫)

어로(80초) → +낚시(80중)
　　　　　　　　어로 낚시(夫)

어로 농사(80초) → +낚시(80중)
　　　　　　　　　　어로 낚시(夫)

어로 농사(90초) → +낚시(90중)
　　　　　　　　　　어로 낚시(夫)

어로 농사(90초) → +낚시(90중)
　　　　　　　　　　어로 낚시(夫)

어로 농사(90초) → +낚시(90말)
　　　　　　　　　　어로 낚시(夫)

어로 농사(50초) → +낚시(80중) → +건조(90초)
　　　　　　　　　　어로 낚시(夫)　　농사 건조(婦)

어로 농사(80중) → +낚시(80말) → +건조(90초)
　　　　　　　　　　어로 낚시(夫)　　농사 건조(婦)

어로 농사(80초) → +건조(90초) → +낚시(90중)
　　　　　　　　　　농사 건조(婦)　　어로 낚시(夫)

어로 건조(90초) → +낚시(90말)
　　　　　　　　　　어로 낚시(夫)

어로(80중) → +낚시+치킨점(90초)
　　　　　　　　어로 낚시(夫)
　　　　　　어로 낚시 치킨점(가구)

어로(70말) → +당구장(80중) → +낚시(90중) → -당구장+노래방(90말)
　　　　　　　　어로 당구장(가구)　　어로 낚시(夫)　　어로 낚시 노래방(가구)

---

5) 민박이 건조가 아닌 횟집과 결합되는 것은 횟집과 민박이 동일 건물에서

(3) 비관광관련 활동 종사자(중심어촌)

건조(가구)

잠수 → -잠수+건조

잠수 → +건조
　　　　　잠수 건조(婦)

잠수 → +건조
　　　　　잠수 건조(婦)

잠수 → -잠수+건조

잠수 → +임시민박(80초) → +건조(90초) → -임시민박(90말)
　　　　　민박 거주　　　　　잠수 건조(婦)　　　　잠수

2. 마라리

(1) 관광관련 활동 종사자

어로 잠수 → +낚시+민박+잡화점(80말) → -어로 -낚시(90초) → -민박 -잡화점(90말)
　　　　　어로 낚시(夫)　　　　　　　　잠수 민박 잡화점(가구)　　　　잠수
　　　　　잠수 민박 잡화점(婦)

도내(90초) ⇒ 횟집 민박 잡화점(가구)(90초) → +낚시용보트(90말)
　　　　　　　　　　　　　　　　　　　횟집 민박 잡화점 낚시(가구)

횟집 민박(90중) -〉 → 도외 ⇒ 횟집 민박 낚시용보트 낚시점(90말)
　　　　　　　　　　　　　　낚시 낚시점(夫)
　　　　　　　　　　　　　　횟집 민박 낚시 낚시점(가구)

토착민 ⇒ 도내(어로) ⇒ 어로, 낚시(夫)(90중) → -어로 -낚시+횟집(90중) → -횟집+짜장면(90말)
　　　　　　　　　　　　　　　　　　　　横집(가구)　　　　　　　짜장면(가구)

잠수, 잡화점(80말) → -잡화점+입도비 수납(夫)(90중) → -입도비 수납+오토바이 일주(夫)(90중)
　　　　　　　　　　　잠수, 입도비 수납(가구)　　　　　잠수, 오토바이 일주(가구)

자전거 대여(女)(90말)

토착민 ⇒ 도외(가방공장 직원) ⇒ 소각장, 어로*(男)(90말)

이루어지기 때문이다.

도외(夫)(80초) ⇒ 잠수 민박(90초) → +횟집+잡화점(90중) → -횟집 -잡화점 -잠수(90말)
　　　　　　　　　잠수 민박(가구)　　민박 횟집 잡화점(가구)　　　　민박(가구)
학교사무, 마을사무, 마을우편(夫) → -학교사무 -마을사무+포장마차(婦)(90중) → -포장마차+식당(婦)(90말)
　　　　　　　　　마을우편 포장마차(가구)　　　　마을우편, 식당(외부)(가구)

낚시, 어로(夫) 민박, 잡화점(婦)(80말) -〉도외 ⇒ 횟집, 민박(90초)(휴업 중)

도내 ⇒ 민박(90말) → +자전거 대여(90말)
　　　　　　　　민박 자전거 대여(가구)

도내(경찰) ⇒ 횟집 민박(90중) ⋯→ +잡화점+낚시(90말)
　　　　　　　　횟집 민박 잡화점 낚시(가구)

민박, 식당, 잡화점(90중) → 짜장면(90말)

도내 ⇒ 낚시,어로(夫) 민박,잡화점(婦)(80말) -〉 -낚시 -어로+횟집(90초) → 도외 ⇒ 민박(90말)
　　　　　　　　　　　　　잡화점 민박 횟집(가구)

도내(90중) ⇒ 자전거 대여(90말)

도내(기념품점) ⇒ 기념품 · 필름점(夫)(90중)

잠수 → 포장마차(婦)(90말)

잠수 → 포장마차(婦)(90말)

잠수 → 포장마차(婦)(90말)

도외 ⇒ 승마장(90중)

도외 ⇒ 유람선 발착관련활동, 잠수(90중) → -잠수(90말)
　　　　　　　　　　　　　　유람선 발착관련활동

도외 ⇒ 민박 잡화점 횟집(90중) ⋯→ 횟집(90말)

횟집(90초) -〉 횟집(90중) -〉 도외 ⇒ 횟집(90말)

잠수 → 관광시설 청소(婦)(90말)

(2) 비관광관련 활동 종사자

도내 ⇒ 잠수(80중)

잠수

도내 ⇒ 잠수, 어로*(子)

도내 ⇒ 잠수

도내(어로 잠수)(70초) ⇒ 어로* 잠수 → -어로+소각장(90말) → -소각장(90말)
　　　　　　　　　　　　　　소각장 잠수(가구)　　　　　잠수

잠수, 입도비 수납(90중) → -입도비 수납+이장(90말)
　　　　　　　　　이장 잠수(가구)

도외⇒발전소(90초)

* 어선을 이용하지 않고 주로 갯바위 낚시에 의한 어로활동임

IV. 사례어촌별 바다낚시의 참여 어로집단과 비참여 어로집단 간 비교

1. 고산1리

(1) 중심어촌의 바다낚시 참여집단

일련 번호	시작 년도	연령*	어업경력*	어선톤수	낚시·어로 외 생산활동	여성의 생산활동
1	'85	50	40	1.4	×	잠수,오징어건조
2	'85	40	30	3.4	×	오징어건조
3	'87	50	20	2.7	민박 관리	민박 관리
4	'88	50	40	5.5	×	오징어건조
5	'88	50	30	4.5	×	오징어건조
6	'89	60	40	3.2	×	잠수
7	'92	30	10	2.9	×	오징어건조
8	'92	40	15	2.9	횟집	횟집, 민박
9	'94	50	20	2.9	×	잡화점,오징어건조
10	'95	40	20	6.5	횟집	횟집,민박,오징어건조
11	'96	50	40	6.1	×	잠수,민박,오징어건조
12	'98	40	30	4.4	×	잠수
13	'98	60	20	3.1	×	잠수
14	'98	40	15	3.3	×	×

(2) 배후어촌의 바다낚시 참여집단

일련번호	시작년도	연령*	어업경력*	어선톤수	낚시·어로 외 생산활동	여성의 생산활동
1	'84	50	20	3.5	×	농사
2	'87	60	50	3.1	×	오징어건조
3	'88	50	15	4.5	오징어건조	오징어건조
4	'89	30	15	3.6	×	×
5	'92	30	15	3.4	낚시점	잡화점
6	'92	30	15	2.9	×	치킨점
7	'92	30	15	2.9	×	×
8	'94	30	10	4.2	농사	농사
9	'95	40	20	5.9	×	×
10	'96	40	10	3.7	×	노래방
11	'97	50	20	4.0	×	오징어건조
12	'97	40	10	3.6	농사	농사
13	'98	40	10	3.1	×	농사
14	'98	40	10	4.7	×	오징어건조

* 연령은 10년 단위이고, 어업경력은 5년 단위임.
자료: 주민 면담

2. 종달리

(1) 바다낚시 참여집단

일련번호	시작년도	연령*	어업경력	농업규모(평)	여성의 잠수 여부	거주어촌
1	'93	50	15	삼천	○	배후
2	'97	40	20	육천	○	중심
3	'93	40	20	일만칠천	○	중심
4	'93	40	15	육천	△**	중심
5	'96	40	15	삼천	×	배후
6	'96	50	15	칠천	○	중심
7	'93	50	30	칠천	○	중심
8	'93	60	15	이천	△	중심
9	'96	50	10	삼천	○	배후
10	'96	50	20	오천	○	배후
11	'96	50	25	일만	△	중심
12	'93	40	15	팔천	×(잡화점)	중심
13	'93	50	10	칠천	○	중심
14	'93	50	20	일만	○	중심
15	'93	40	15	팔천	×	배후
16	'97	60	20	사천	×	배후
17	'93	60	25	사천	△	중심
18	'93	50	25	오천	○	중심
19	'97	50	5	삼천	○	배후
20	'93	40	20	일천	×	중심

(2) 바다낚시 비참여집단

일련번호	연령*	어업경력*	농업규모(평)	여성의 잠수 여부	거주어촌
1	40	5	이천	×	중심
2	40	20		×(잡화점)	중심
3	40	15		×	배후
4	40	25	일천	×	배후
5	40	10	이만	○	배후
6	40	10	이천	×	배후
7	60	10	삼천	○	배후
8	60	5	삼천	×	배후
9	50	15	칠천	×	중심

* 연령은 10년 단위이고, 어업경력은 5년 단위임.
** 가끔 잠수어업에 종사하는 경우임.
자료: 주민 면담

3. 함덕리

(1) 바다낚시 참여집단

일련번호	시작시기	연령*	어업경력*	어선톤수	농업규모	여성의 잠수 여부	거주어촌
1	'90년대 초	70	30	3	×	×	배후
2	'90년대 초	50	30	5	×	×	중심
3	'90년대 초	50	20	3	×	×	배후
4	'90년대 초	70	50	3	마늘 2천 평	×	중심
5	'90년대 초	60	20	3	밀감 2천 평	×	배후
6	'90년대 말	30	10		×	×	중심
7	'90년대 초	60	30	3	'90년대 초×	○	중심
8	'90년대 초	50	20	3	'90년대 중×	×	중심
9	'90년대 초	40	20	2.5	×	○	중심
10	'90년대 초	60	20	3	밀감 2천 평	○	중심
11	'90년대 초	60	30		×	×	배후
12	'90년대 초	40	20	3	×	×	중심

(2) 바다낚시 비참여집단

일련번호	연령*	어업경력*	어선톤수	어업 외 생산	여성의 잠수 여부	거주 어촌
1	40	20	2.5	×	○	중심
2	70	40	4	×	○	중심
3	40	30	4.5	×	○	중심
4	60	40	6	×	○	중심
5	60	40	1	횟집	○	배후
6	50	10	3	×	○	중심
7	70	50	2	×	○	중심

* 연령과 어업경력은 10년 단위임.
자료: 주민 면담

Ⅴ. 사례어촌별 관광지화 과정에 대한 요약

(「기존＋관광a＋관광b」와 「관광a'＋관광b'」에 있어 관광a와 관광a', 관광b
와 관광b' 등은 동일한 관광기능일 수도 있음)

ⅰ) 바다 및 해안 지향 어촌(고산1리)

관광촌화 변수	관광촌화 이전 →			관광촌화 이후		
변화 시기(연대)		'80중	'90초	'90말		
기능위치(공간)		바다 →	바다·해안 →	해안		
기능관계(활동)	기존 →	기존＋관광 →	기존＋관광a＋관광b→	관광a'＋관광b'→	(관광)	
겸업양상	공간적[가구단위]→	시간적 →	시간적·공간적 → [가구단위]	시간적 → 시간적[가구단위]	(전업)	
대상공간	바다·해안 →	바다 →	바다·해안 →	해안 →	(해안	
이용내용	상이이용	유사이용	상이이용	상이이용	동일이용)	

ⅱ) 바다지향 어촌(종달리)

관광촌화 변수	관광촌화 이전 →		관 광 촌 화 이 후		
변화 시기(연대)		'90초	'90중	'90말	
기능위치(공간)		바다 →	바다·해안 →	해안	
기능관계(활동)	기존 →		기존＋관광 →	관광	
겸업양상	시간적·공간적 → [가구단위]	시간적 →	시간적·공간적 →	전업	
대상공간	바다·해안 →	바다 →	바다·해안 →	해안	
이용내용	상이이용	유사이용	상이이용	동일이용	

iii) 해안지향 어촌

－공동 참여(중문동)

관광촌화 변수	관광촌화 이전 →	관광촌화 이후	
변화 시기(연대)	'90초		
기능위치(공간)		바다	해안
기능관계(활동)	기존 →	기존＋관광	
겸업양상	시간적·공간적 →	시간적	시간적·공간적
	시간적·공간적[가구단위]		
대상공간	바다·해안 →	바다	바다·해안
이용내용	상이이용	유사이용	상이이용

－개별 참여(대포동)

관광촌화 변수	관광촌화 이전 →	관광촌화 이후		
변화 시기(연대)	'90중	'90말		
기능위치(공간)		해안 →	바다	
기능관계(활동)	기존 →	관광 →	기존＋관광	
겸업양상	시간적·공간적[가구단위] →	전업 →	시간적	
대상공간	바다·해안 →	해안 →	바다	
이용내용	상이이용	동일이용	유사이용	

iv) 해수욕장 인접 어촌(함덕리)

관광촌화 변수	관광촌화 이전 →	관 광 촌 화 이 후		
변화 시기(연대)	'80중	'90초	'90중	
기능위치(공간)	바다 →	바다·해안	⋯ 해안	
기능관계(활동)	기존 → 기존＋관광 →	기존＋관광a＋관광b	⋯ 관광	
겸업양상	공간적[가구단위] → 시간적 →	공간적[가구단위]	⋯ 전업	
	시간적·공간적[가구단위]			
대상공간	바다·해안 → 바다 →	바다·해안	⋯ 해안	
이용내용	상이이용 유사이용	상이이용	동일이용	

ⅴ) 도서어촌(마라리)

관광촌화 변수	관광촌화 이전 →		관 광 촌 화 이 후	
변화 시기(연대)	'80초	'80말	'90중	
기능위치(공간)		바다·해안 →	해안	
기능관계(활동)	기존 →	기존+관광 →	관광a+관광b →	관광
겸업양상	전업 →	시간적 →	시간적 →	전업
	공간적[가구단위]		시간적[가구단위]	
대상공간	바다·해안 →	바다 →	해안 →	해안
이용내용	상이이용	유사이용	상이이용	동일이용

· 저자 ·

송경언
(宋京彦)

· 약 력 ·

서울대학교 지리학과 졸업
서울대학교 대학원 문학 석사
서울대학교 대학원 지리학 박사
공주대학교, 서울대학교 강사

현) 서울대학교 국토문제연구소 선임연구원

· 주요논저 ·

「제주도 어촌의 관광지화에 따른 공간이용 변화과정」

어촌과 관광

- 제주도 어촌의 관광지화 연구 -

• 초판 인쇄	2006년 9월 30일
• 초판 발행	2006년 9월 30일
• 지 은 이	송경언
• 펴 낸 이	채종준
• 펴 낸 곳	한국학술정보㈜
	경기도 파주시 교하읍 문발리 526-2
	파주출판문화정보산업단지
	전화 031) 908-3181(대표) · 팩스 031) 908-3189
	홈페이지 http://www.kstudy.com
	e-mail(e-Book사업부) ebook@kstudy.com
• 등 록	제일산-115호(2000. 6. 19)
• 가 격	25,000원

ISBN   89-534-5678-9 93980 (Paper Book)
       89-534-5679-7 98980 (e-Book)